왜,
친환경은 **편리함**을
이기기 어려울까

**왜,
친환경은 편리함을
이기기 어려울까**

ⓒ 양인목, 2025

초판 1쇄 발행 2025년 7월 22일

지은이	양인목
펴낸이	이기봉
편집	좋은땅 편집팀
펴낸곳	도서출판 좋은땅
주소	서울특별시 마포구 양화로12길 26 지월드빌딩 (서교동 395-7)
전화	02)374-8616~7
팩스	02)374-8614
이메일	gworldbook@naver.com
홈페이지	www.g-world.co.kr

ISBN 979-11-388-4483-3 (03530)

- 가격은 뒤표지에 있습니다.
- 이 책은 저작권법에 의하여 보호를 받는 저작물이므로 무단 전재와 복제를 금합니다.
- 파본은 구입하신 서점에서 교환해 드립니다.

Why Can't Eco-Friendliness Beat Convenience?

왜, 친환경은 편리함을 이기기 어려울까

양인목 지음

좋은땅

들어가며

많은 사람들이 환경의 중요성을 이야기하지만, 이를 실제 행동으로 옮기는 경우는 드물다.
환경문제가 사회적 이슈로 떠오를 때는 관심이 집중되지만, 시간이 지나면 금세 잊히곤 한다.
정부와 기업이 내놓는 환경 정책 또한 예방적 차원에서는 충분한 효과를 거두지 못하고 있다.

이러한 상황이 반복되는 이유는 환경문제의 본질에 대한 이해 부족과 책임 구조의 오류 때문이다.
우리가 환경문제의 실체를 제대로 이해하고, 올바른 책임 구조를 만들어 낸다면 긍정적인 변화를 이끌어 낼 수 있을 것이다.

목차

들어가며   005

우리는 환경에 관심이 없다   015

환경에 대한 관심을 가로막는 4개의 벽
– 지구, 노력, 불편, 특별   023

1) 문제는 지구가 아니다   025
2) 노력은 지속하기 어렵다   031
3) 친환경은 편리함을 이길 수 없다   035
4) 환경은 특별하지 않다   041

1. 실망과 희망을 함께 경험하다   045

1) 실망 속에서 찾은 보람   046
2) 무기력감을 넘어 가능성을 보다   052
3) 회의감에서 도전으로   058

2. 왜, 이제라도 환경에 관심을 가져야 할까? 065

1) 환경과 건강, 놀랍도록 닮은 점들 067
2) 환경이 우리에게 중요한 진짜 이유 094
3) 우리가 놓친 환경문제의 결정적 원인 108

3. 환경 이슈의 진짜 얼굴을 마주하다 125

1) 기후위기의 실체 127
2) 플라스틱이 정말 환경의 적일까? 144
3) 재활용이 환경을 해칠 수도 있다 155
4) 어떤 제품이 '진짜' 친환경인가? 162
♣ 어떤 팩주스가 친환경인가? 170
♣ 친환경 제품 3가지 방향으로 이해하기 172

4. 우리 손에 달려 있다 177

1) 해결의 실마리는 어디에 있는가 178
2) '동기'가 혁신을 이끈다 187

3) 친환경 문화를 꿈꾼다   203

♣ 지속 가능한 미래를 위한 삼각축 - 시민·국가·기업의 역할 -   214
♣ 모르면 큰 위험을 부를, 우리가 꼭 알아야 할 환경 규제들   218
♣ 건강한 소비란 무엇인가   221
♣ 친환경 구매를 위한 6가지 방법   226
♣ 당장 시작할 수 있는 7가지 친환경 실천 방법   244
♣ 기업이 환경과 경제, 두 가지 목표를 함께 달성할 수 있는
  예시   249

참고문헌   252
감사의 글   259

1. 다음 중 기후변화의 원인인 온실가스를 배출하는 것은?

① 디젤 자동차　　　② 쓰레기 매립

③ 화력 발전　　　　④ 육류 소비

2. 다음의 기후변화 원인 중 가장 큰 영향을 미치는 것은?

① 수송　　　　　　② 건물

③ 농축 수산　　　　④ 폐기물

3. 다음 중 미세플라스틱을 가장 많이 발생시키는 원인은?

① 개인 세정 용품

② 세탁

③ 타이어 마모

④ 플라스틱 알갱이

4. 다음 중 재활용을 어렵게 만드는 요인은?

① 여러 소재가 복합된 폐제품
② 재활용된 소재의 낮은 경제적 가치
③ 재활용을 고려하지 않은 제품 설계
④ 복잡한 분리수거 기준

5. 다음 사진에서 에너지가 낭비되는 상황은 무엇일까요?

①

②

③

④

정답 및 해설

1. 모두 해당 :

① 디젤 자동차: 연료 연소 시 이산화탄소(CO_2) 배출

② 쓰레기 매립: 유기물 분해 과정에서 메탄(CH_4) 발생

③ 화력 발전: 석탄·천연가스 연소 시 다량의 온실가스 배출

④ 육류 소비: 가축의 소화 과정에서 메탄(CH_4) 발생, 사료 생산 및 유통 과정에서도 온실가스 배출

2. (2) 건물 : 기후변화 영향 기여도 순위 – 산업 > 건물 > 수송 > 농축 수산 > 폐기물

3. (2) 세탁 : 미세플라스틱 발생 원인 순위 – 세탁 > 타이어 마모 > 개인 세정 용품 > 플라스틱 알갱이

4. 모두 해당

5. (1) 지나친 조명 – 불필요한 조명이 켜져 있는 식당과 매장이 많다. 한 개의 전구를 끄는 것만으로도 상당한 에너지를 절약할 수 있다. 기후변화행동연구  소의 분석에 따르면, 우리나라에서 전구 10개 중에서 1개를 빼면 원전 3.7기를 가동하지 않아도 된다. 10%인 8,927만 개를 빼면 연간 이산화탄소 배출을 2,803,078톤이나 줄일 수 있으며 연간 전기요금을 4,931억 원(2005년 기준)이나 절감할 수 있다.

(2) 공중으로 날아가는 온수 에너지 – 온수와 냉수 사이에 있는 손잡이는 온수 에너지를 지속적으로 낭비하게 한다. 손을 씻기 위해 잠깐 물을 틀면 이미 식혀진 온수가 냉수와 섞여 나온다. 사용 후 배관 속 온수가 식는 과정에서도 에너지가 낭비된다.

(3) 혼자 노는 TV – 사람이 없는 장소에 TV가 켜져 있다. 사람이 있더라도 대부분 휴대폰을 보고 있다.

(4) 불필요한 조명 – 자연 채광이 훌륭한데 전구가 밝혀져 있다. 이런 상황을 공공장소나 사무실에서 어렵지 않게 볼 수 있다.

우리는 환경에 관심이 없다

1995년 12월 1일, 환경 분야에서 업무를 시작했다.
공부까지 포함하면 1993년 1월, 미국 대학원에서 첫 학기를 시작했으니 어느덧 30년이 넘는 시간을 환경 분야에 몸담아 온 셈이다.
그 긴 시간 동안 한 가지 확실하게 깨달은 것이 있다.
그것은, 바로 **"우리가 환경에 관심이 없다."**는 것이다.

환경에 대한 관심과 중요성을 묻는 설문 조사는 오래전부터 꾸준히 진행되어 왔다. 그리고 결과는 늘 비슷했다. 환경을 중요하게 생각하며, 관심이 많다고 답한다.

⇒ 한국환경연구원이 매년 약 3,000명을 대상으로 실시한 조사에 따르면, 응답자의 **72%**가 환경에 관심이 있다고 답했고, **89%**는 기후변화가 심각하다고 답변했다. (2021~2023년 평균)
⇒ 2020년, 자원순환사회연대와 한국피앤지가 국내 소비자 4,000명을 대상으로 진행한 조사에서는 **95.5%**가 환경문제가

심각하다고 답했다.

⇒ 2020년, Brands for Good의 미국 소비자 설문 조사에서 **96%** 가 환경을 고려하는 생활 방식을 지향한다고 응답했다.

하지만 현실은 다르다.

실제 환경을 고려하는 행동은 매우 드물고, 많은 사람이 환경을 위해 실천하는 유일한 행동이 **쓰레기 분리수거**다. 그마저도 대부분은 자발적인 실천이라기보다는 법적 의무를 준수하기 위해 하는 경우가 많다. 그리고 그 실천이 실질적인 환경 개선으로 이어지고 있는지도 불확실하다. 그래서인가, 환경 관련 지표는 오히려 악화되고 있다.

⇒ 2023년, 우리나라 1인당 생활폐기물 배출량은 2010년 대비 약 **20%** 증가했다. (e-나라지표)
⇒ 우리나라는 1인당 플라스틱 폐기물 배출량이 연간 208kg으로 OECD 국가 중 1위다. (2020년 기준, OECD)
⇒ 2024년 전 세계 온실가스 배출량은 전년 대비 1.1% 증가하며 역대 최고치를 경신했다. (온실가스종합정보센터)

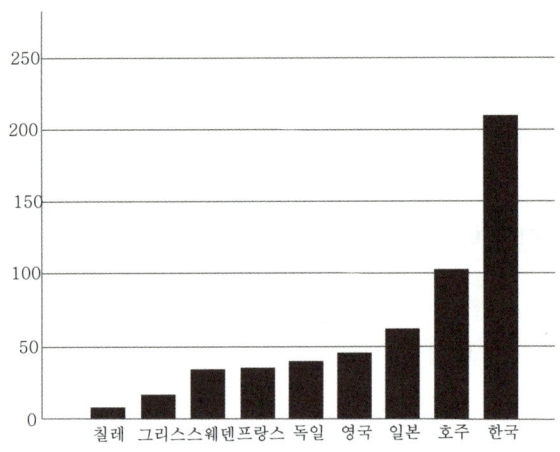

국가별 1인당 플라스틱 폐기물 배출량
(OECD, "Waste: Selected waste streams: generation, recovery and recycling")

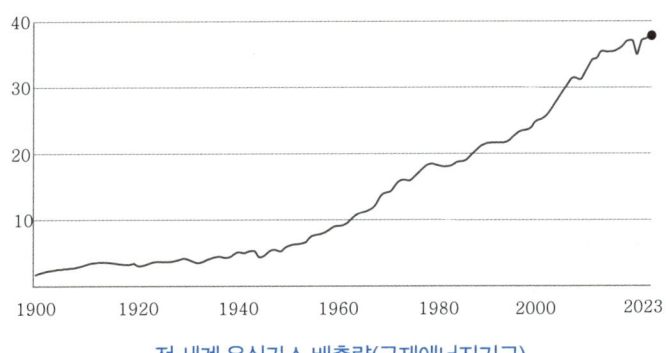

전 세계 온실가스 배출량(국제에너지기구)

환경이 중요하다고 생각한다는데, 왜 실제로는 상황이 악화하고 있을까?

◇ 인식과 실천의 간극

환경 분야에서는 늘 인식과 실천의 간극이 존재해 왔다. 다른 분야에도 이런 현상이 없진 않지만, 유독 환경문제에서는 그 차이가 두드러진다.
그린마케팅 분야에서는 이러한 현상을 30:3 신드롬이라고 부른다. 이는 코위와 윌리암스(Cowe & Williams)의 연구에서 비롯된 용어로, 일반적으로 30%의 소비자가 친환경 제품 구매에 관심을 보이지만, 실제 구매율은 3%에 불과하다는 의미다.

2017년 동물복지 식품에 대한 국민 의식 조사에서도 비슷한 결과가 나타났다. 조사에 따르면 85%의 응답자가 동물복지 식품의 필요성에 공감했고, 35%가 인증 제도를 알고 있었지만, 실제 구매율은 기대에 미치지 못했다.

이러한 양상은 수업 시간에 진행된 학생 설문 조사에서도 동일하게 나타났다. 많은 학생이 환경 보호의 중요성을 인식하고 있었지만, 실제 행동으로 이어지는 경우는 **인식에 비해 많이 부족했다.**
이런 결과는 '알고 있는 것'과 '실제로 실천하는 것' 사이의 간극이 얼마나 큰지를 여실히 보여 준다.

과거에 환경 컨설팅을 진행할 때도 유사한 상황을 경험했다. 환경에 관심이 많다는 기업 경영자에게 환경 개선이 기업 경영에 도움이 될 수 있는 요소를 발굴하여 제시해도, 제대로 받아들여진 경우는 드물었다.

정치권도 환경에 대한 미온적인 태도가 뚜렷하다.
국회에는 환경을 전문적으로 다루는 위원회가 없다. 환경노동위원회가 환경 이슈를 **다룬다고** 하지만, 노동 이슈에 밀려 환경은 뒷전이다.
환경부 장관의 인사청문회는 가장 무난하게 지나가며, 환경부 장관이 누구인지 모르는 국민도 많다.

왜 설문조사에서는 환경에 관심이 많다고 나올까?

이유는 간단하다.
머리로는 환경이 중요하다고 생각하지만, 가슴으로는 그렇게 느끼지 않기 때문이다.
나는 이것이 일종의 자기기만(self-deception)이라고 생각한다. 실제로는 관심이 없지만, 설문 조사에서는 "관심이 있다."고 답하는 것이다.

이러한 결과에는 세 가지 요인이 작용한다.

(1) 사회적 기대에 맞추려는 경향
⇒ 사람들은 자신의 실제 생각보다 '바람직한 답변'을 선택하는 경향이 있다.
⇒ 환경에 관심이 없다고 말하면 부정적으로 평가받을까 봐 무의식적으로 환경을 중요하게 여긴다고 답할 가능성이 크다.

(2) 응답자 표본의 편향성
⇒ 환경에 관심 있는 사람들이 조사에 참여할 확률이 높다. 따라서 실제 사회 전체의 평균적인 인식과 다르게 나타날 수 있다.

(3) 질문 방식의 영향
⇒ "환경이 중요하다고 생각하십니까?"라는 질문은 응답자의 환경 관심도를 과대평가하게 만든다.
⇒ "환경과 경제 중 무엇이 더 중요하다고 생각하십니까?" 같은 질문은 보다 현실적인 인식을 반영할 수 있다.

설문 조사에서 환경이 중요하다고 답하는 것만으로는 아무런 변화를 만들 수 없다. 실천이 따르지 않는다면, 결국 우리는 환경에 관심이 없는 것이다.

왜 우리는 환경에 관심이 없을까?

그 이유는 **환경문제에 대해 제대로 알지 못하기 때문**이다.

우리는 환경문제의 원인과 개인에게 미치는 영향을 제대로 이해하지 못한다.
교과서에서는 환경문제의 원인을 단순히 "산업화와 대량 생산·소비"로 설명하지만, 이것은 너무나 형식적인 분석이다.
사실, 환경문제에 있어 우리는 **모두 가해자인 동시에 피해자**다.
이 구조가 사람들이 책임감을 느끼기 어렵게 만들며, 문제 해결을 위한 행동으로 이어지기 어렵게 만든다.
게다가 환경문제는 너무 거대해 보여 개인이 실천할 수 있는 일이 잘 보이지 않는다. 설사 실천하려 해도, 관련 정보가 부족하고, 내가 실천한다고 과연 효과가 있을까? 하는 의문도 든다.
이런 요인들이 사람들의 환경에 대한 무관심을 더욱 부추긴다.

환경에 대한 관심을 가로막는 4개의 벽
- 지구, 노력, 불편, 특별

환경문제를 해결하려면 무엇보다 먼저, **우리가 환경에 무관심한 이유**를 이해해야 한다.
이 무관심의 배경에는 **네 가지 벽**이 존재한다.

1) 지구, 문제는 지구가 아니다
2) 노력, 노력은 지속하기 어렵다
3) 불편, 친환경은 편리함을 이길 수 없다
4) 특별, 환경은 특별하지 않다

이 네 가지 벽은 우리가 환경문제에 관심을 두지 못하게 만들고, 실천으로 이어지지 못하게 막는 무형의 장벽이다.
이 벽을 넘어야 비로소 우리는 진짜 변화의 출발선에 설 수 있다.

1) 문제는 지구가 아니다

지구가 하나의 생명체라면, 환경오염을 어떻게 느끼고 있을까?

사실, 지구가 실제 얼마나 아픈지 알 길이 없다. 우리는 환경오염이 지구에 어느 정도의 영향을 미치는지 정확히 알지 못한다.

1979년, 제임스 러브록(James Lovelock) 교수는 그의 저서 가이아(GAIA)에서 지구를 하나의 생명체로 설명하면서, 인간이 야기하는 오염이 지구에 큰 위험이 아니라고 다음과 같이 주장한 바 있다.

"오염은 지구에게 동물이 숨을 쉬는 것과 마찬가지로 자연적인 현상이라고 할 수 있다. 현재 수준의 산업 활동이나 가까운 미래의 공업 발달이 가이아(지구)의 생명을 위험에 처하게 한다는 판단을 뒷받침할 수 있는 증거는 사실상 대단히 적은 편이다."
물론 이 내용은 40년 전 관점이며, 지금과는 상황이 다를 수 있다. 하지만 지구 입장에서 얼마나 큰 차이가 있을지 솔직히 모른다.

그가 지구를 하나의 생명체로 규정한 이유는 바로 "자기 조절 능력"이다. 그는 "생명"을 스스로를 조절할 수 있는 개체로 정의하면서, 지구가 그 안에 존재하는 생명체들을 위해 물리적, 화학적 조건을 조정하고 유지해 나간다고 설명했다.
예를 들어, 적당한 수준을 벗어나면 생명체에게 치명적인 결과를 낳을 수 있는 산소와 암모니아의 농도가 주변 상황의 변화에 관계없이 필요한 수준으로 유지되고 있다. 바다의 경우는 해양 생명체들의 생존에 결정적인 영향을 미치는 염분의 농도가 안정적으로 유지된다.

지구가 스스로 균형을 유지한다 해도, 환경오염의 영향은 분명히 존재한다. 그러나 지구에 미치는 영향은 여전히 우리 마음에 깊이 와닿지 않는다.

우리는 북극곰의 안타까운 이야기나 태평양 한가운데 있는 플라스틱 섬, 무분별하게 파헤쳐지는 원시림보다 자신의 몸에 생긴 작은 생채기나 늘어난 세금에 더 민감하게 반응한다.

이제, 환경오염이 인간에게 미치는 영향으로 시선을 돌려 보자.

전문가와 지식인들은 환경문제가 인류에게 정말 중대한 사안임을 강조하고 있다.
2020년 2월 세계 52개국 222명의 사회 및 자연 분야 과학자들은 세계경제포럼(WEF)이 선정한 30가지 글로벌 리스크 중 다음 다섯 가지를 세계 5대 위험으로 꼽았다.

⇒ 기후변화(Climate change),

⇒ 기상 이변(Extreme weather),

⇒ 생물 다양성 감소(Biodiversity loss),

⇒ 식량 위기(Food crisis),

⇒ 물 위기(Water crisis)

분야	대상 위험	선정된 위험
환경	기상 이변, 기후변화 대응 실패, 생물다양성 감소, 사람이 일으키는 재난, 자연재해 (5개)	• 기상 이변 • 기후변화 대응 실패 • 생물 다양성 감소
사회	물 부족, 식량 위기, 도시계획, 비자발적 이주, 사회 불안정, 감염성 질병 (6개)	• 물 부족 • 식량 위기
정치	지역 충돌, 국가 거버넌스, 지역 거버넌스, 지역 붕괴, 테러, 대량살상무기 (6개)	
기술	사이버 공격, 네트워크 파괴, 데이터 범죄, 부적절한 기술 (4개)	
경제	자산 붕괴, 에너지 가격 폭등, 불법 교역, 재정 위기, 고용불안, 재무 메커니즘, 디플레이션, 기반시설 장애, 수습 불가능한 인플레이션 (9개)	

2024년 세계경제포럼은 향후 10년간 인류가 직면할 가장 큰 10개 위협을 선정했다. 그중 환경 관련 이슈가 무려 5개 포함되었으며, 1위부터 4위까지 모두 환경 이슈였다.

순위	글로벌 위기	분야
1	기상 이변	환경
2	급격한 지구시스템 변화	환경
3	생물 다양성 손실 및 생태계 붕괴	환경
4	천연자원 부족	환경
5	역정보 및 허위정보	기술
6	AI 기술의 부작용	기술
7	비자발적 이주	사회
8	사이버 위험	기술
9	사회 양극화	사회
10	오염	환경

출처: 세계경제포럼 Global Risks 2024 주요 내용 및 시사점

이처럼 환경문제는 더 이상 먼 미래의 이야기가 아니라, 인류가 당면한 위협 그 자체다.

그럼에도 우리는 종종 '환경을 지키자', '지구를 살리자'는 식의 문구로 이를 포장한다. 하지만 "지구"라는 단어는 때때로 문제의 본질을 흐리게 만들고, 환경문제를 우리의 문제에서 한 발 떨어진 '남의 일'처럼 느끼게 만든다.

나는 "지구를 지키자"는 광고 문구를 들을 때마다, 그 속에 담긴 위선이 느껴져 채널을 돌리곤 한다.

만약 지구가 정말로 아프다면, 우리의 진짜 문제는 환경오염 그 자체가 아니라, 지구가 인간이라는 종에게 자기 조절 능력을 사용하는 것이다.

2) 노력은 지속하기 어렵다

우리 모두 올바른 방향으로 꾸준히 노력한다면 환경문제는 해결될 수 있다. 하지만 그럴 가능성은 매우 희박하다.

노력은 중요한 가치지만, 지속적인 추진을 위해서는 성과와 보상이 뒤따라야 한다. 미세먼지를 줄이기 위해 대중교통을 이용한다고 해서 맑은 공기를 마실 수 있는 권리가 생기지 않는다. 노력의 성과가 자신에게 직접 돌아온다 해도 그것을 지속하는 것이 쉽지 않다. 하물며, 성과가 체감되지 않는 환경에 대한 노력은 더욱 그렇다.

참여 방법에 대한 정보도 부족하다. 친환경 제품의 종류와 구매 방법을 알기 어렵고, 공병 보증금 제도와 같은 참여 시스템이 존재하지만 여전히 회수율은 낮은 수준에 머물러 있다.

보상 없는 구조는 환경을 위한 노력이 확산되는 데 있어 근본적인 한계를 만든다. 게다가 실질적으로 환경에 큰 영향을 미치는 사람들일수록 정작 참여하지 않는 경우가 많다.

방송에서 친환경 생활을 실천하는 출연자들을 보면, 집의 규모나 제품 선택 등에서 이미 평균 이하의 환경 부하를 배출하는 사람들임을 알 수 있다.
환경 부하가 기본적으로 생산과 소비에 의해 발생되는 점을 생각해 볼 때, 경제적으로 부유할수록 더 큰 환경 부하를 유발할 수밖에 없다.

이번에는 올바른 방향 측면에서 살펴보자.

환경을 위해 노력하는 내용이 의도와 다르게 오히려 부정적인 영향을 줄 수 있다.
텀블러와 에코백 사용이 환경에 도움이 된다고 하지만, 여러 개를 보유한 채 제대로 사용하지 않으면 오히려 더 많은 자원을 낭비하게 된다. 우리 집에도 행사에서 받은 텀블러가 5개나 있다.
과거 온실가스 배출 저감에 도움이 된다 하여 연비가 좋은 경유차를 구매한 소비자도 있었을 것이다. 그런데 경유차가 미세먼지에 미치는 영향이 크다는 사실이 드러나면서 그 의도는 퇴색되었다.

모두가 노력한다면 목적을 달성할 수 있겠지만, 정작 노력해야 할 사람들은 참여하지 않고, 항상 하던 사람들만 실천하는 구조는 성과를 내기 어렵고 사회적 피로감만 키운다.

지금처럼 소수의 참여자만이 꾸준히 실천하는 현실은, 환경이라는 공공의 문제를 특정한 관심층의 생활 방식으로 축소시키고 있다. '한 사람, 한 사람의 노력이 소중하다'는 말은 여전히 옳지만, 현실은 그렇게 느껴진다.

대다수 사람은 자신의 삶의 질을 높이기 위해 노력하며 살아간다. 그 노력은 자연스럽게 환경에 더 큰 부하를 유발한다.
생활 수준의 향상을 양보하라는 메시지는 현실에서 의미도, 실현 가능성도 낮다.
결국, 일부 시민의 자발적 실천과는 무관하게, 환경오염은 앞으로도 계속 심화될 가능성이 높다.
"모두 함께 노력하자"는 구호는 오히려 관심 있는 사람들의 피로와 불편만 가중시킬 수 있다. 불편한 활동은 확산되기 어렵다.

노력하자는 외침보다 "어떻게 하면 더 많은 사람이 자연스럽게 참여할 수 있을까"에 초점을 맞추어야 한다.

3) 친환경은 편리함을 이길 수 없다

"즐거운 불편"이라는 책이 있다. 환경과 생태를 위한 실천에는 왜 항상 "불편"이란 수식어가 따라다닐까?

불편해도 의미가 있다면 실천할 수 있다. 실제로, 의미 있는 불편은 불편으로 느껴지지 않는다. 하지만, 친환경이 자신의 삶에 진정으로 의미 있다고 생각하는 사람은 얼마나 될까?

친환경에 '불편'이라는 부정적인 단어가 붙어 있는 한, 환경문제는 해결되기 어렵다.

재활용을 위한 대표적인 행동인 분리수거는 번거롭고 불편하다. 불편하면 실천이 잘 안 된다. 2019년 영국에서 조사한 바에 따르면, 30%의 시민이 플라스틱 식품 용기를 씻어 재활용하기보다 그냥 버린다고 한다.

불편한 행동은 지속하기 어렵고, 확산되기는 더욱 어렵다.

심리학자로서 세계 최초로 노벨경제학상을 받은 행동경제학의 창시자 대니얼 카너먼(Daniel Kahneman) 박사는, **인간의 뇌는 본**

능적으로 에너지를 덜 쓰려고 하는데, 자제력과 의도적인 사고는 에너지가 필요하다고 설명한다. 올바른 행동이라도 불편하고 에너지 소모가 크면 실천하기 어렵다.

친환경 실천이라는 제목하에 올라오는 대표적인 항목들의 실현 가능성을 비판해 본다.

⇒ **대중교통 이용하기** – 대중교통이 시간을 절약해 주거나 술자리에 가는 때 외에는, 환경을 위해 대중교통을 선택하기는 어렵다. → 대중교통을 이용할 만한 이익을 더 많이 만들어 내는 것이 필요하다.

⇒ **친환경 인증 제품 구매하기** – 인증 정보가 부족하고, 매장에서 쉽게 구분되지 않아 구매가 어렵다. 게다가 가격이 비싼 경우가 많아 망설여진다. → 친환경 제품의 이익을 쉽고 믿을 수 있는 방식으로 제공하는 것이 필요하다.

⇒ **안 쓰는 가전제품 플러그 뽑기** – 계절 제품이 아닌 이상, 매번 플러그를 뽑았다가 다시 꽂는 일은 번거롭고 안전상의 문제도 있다. → 일정 시간 사용하지 않으면 자동으로 전기가 차단되는 기능을 갖춘 제품이 합리적이다.

⇒ **육식 줄이기** – 건강을 위해 채식을 권하는 것이라면 모를까, 환경을 위해 육식을 줄이기는 쉽지 않다. 오히려 육식이 건강에 중요하다는 정보를 어렵지 않게 찾을 수 있다. → 건강과 환경을 함께 고려할 수 있는 음식 문화 정보를 제공하는 것이 필요하다.

⇒ **여름철 냉방 온도 26도, 겨울철 난방 온도 18도로 조정하기** – 공동 공간에서는 더위와 추위에 더 민감한 사람 위주로 온도가 조정될 가능성이 크다. → 쾌적, 건강, 에너지를 모두 고려하는 냉난방 온도 자동 조절 시스템이 요구된다.

⇒ **물 받아 세수하기** – 대부분의 사람이 흐르는 물에 씻는 것이 더 깨끗하다고 생각한다. 물을 받아 사용하더라도 헹구는 물은 새 물을 사용하게 되며, 오히려 더운물이 나오기까지 낭비되는 물이 더 아깝게 느껴진다. → 온수 낭비를 줄이는 수전 설비를 갖추는 것이 합리적이다.

⇒ **샤워 횟수와 시간 줄이기** – 시간이 촉박한 경우라면 몰라도, 물을 절약하기 위해 샤워 횟수나 시간을 줄이는 사람은 거의 없다. → 샤워와 건강의 관계에 대한 정보를 제공하여, 개인적 이익을 고려할 수 있도록 해야 한다.

서울대학교 의과대학에서 제공하는 건강 정보에 따르면, 피부의 보호막 역할을 하는 각질층은 때를 밀거나 과도한 샤워로 인해 손상될 수 있다. 각질층이 손상되면 피부의 수분 손실이 증가해 건조해지고, 이로 인해 피부 사이로 세균이 침투할 수 있으며, 면역체계를 지지하는 유익균도 사라질 수 있다.

전문가들은 건강한 샤워 습관으로 **이틀에 한 번, 10분 이내, 지나치게 뜨거운 물은 피할** 것을 권하고 있다.

샤워 주기, 시간, 물의 온도를 조절하는 것은 피부 건강을 지키는 것은 물론, 물과 에너지 절약에도 도움이 된다.

친환경이 편리함을 이기려면 다음과 같아야 한다.

첫째, 환경을 배려하는 일이 어렵지 않아야 한다.

편리함과 경쟁할 필요 없이, 친환경 실천이 쉽고 편리하면 된다. 새로운 기술이 이것을 실현할 수 있다.

자연 에너지 기술이 확대되면, 개인은 평소처럼 에너지를 사용하면 된다. 폐기물을 자동으로 분리해서 수거하여 가장 적절한 방법으로 재생하거나 처리하는 시스템이 있으면, 쓰레기통에 버리기만 하면 된다. 물을 재사용하는 시스템이 설치된다면, 개인의 생활 방식과 관계없이 물 사용을 줄일 수 있다.

이러한 기술이 개발되기 위해서는 동기가 필요하다. 새로운 비즈니스 기회는 적절한 동기를 제공할 수 있다. 이 동기가 더 다양한 분야에 스며들기 위해서는, 공정한 책임에 기반을 둔 오염자 부담 원칙이 반드시 요구된다.

둘째, 환경을 배려하기가 어렵다면, 편리함을 이길 수 있을 정도의 가치가 있어야 한다.
편리함을 이길 수 있는 가치로 경제적 가치가 대표적이다.
친환경 제품이 저렴하다면, 굳이 친환경을 강조할 필요도 없을 것이다. 공유 경제를 통해 절약하는 비용이 크다면, 더 많은 사람이 이용할 것이다. 기업에서 부담해야 할 오염 비용이 많이 들면 들수록, 오염 저감을 위해 더 노력할 가능성이 커진다. 오염자 부담 원칙이 이러한 가치를 만들어 낼 수 있다.

마지막으로, 편리함을 이길 수 있을 정도의 실제적 가치가 부족하다면, 편리함을 이길 수 있을 수준으로 친환경의 가치가 느껴져야 한다.
현재도 환경에 대한 인식이 높은 일부 사람들은 채식을 하고, 냉난방을 줄이고, 세탁을 모아서 하며, 일회용품을 덜 사용한다. 이들은 환경을 배려하는 행동 자체에서 가치를 느끼기 때문이다. 더 많은 사람이 이런 가치를 느끼려면, 환경을 배려하는 문화가 형성되어야 한다.

결국, 가치, 즉 이익이 있어야 친환경이 편리함을 이길 수 있다.

4) 환경은 특별하지 않다

언뜻 보면 특별하다는 것이 일반적인 것보다 우월해 보이지만, 사실 대부분은 조건과 시간을 제한해서 구분한 것에 불과하다.
특별상을 깎아내리려는 의도는 없지만, 본 게임에 포함되지 않는 경우가 많다. 일반 조사는 주기적으로 이루어지지만, 특별 조사는 대부분 일회성이다.

환경을 특별하게 취급하는 것은, 상황이 변하면 사라질 일시적인 주제라는 인식을 준다.

처음 환경문제가 사회적 관심사로 부상했을 때는, 기존에 다뤄지지 않았던 새로운 주제였기 때문에 특별하게 취급될 수밖에 없었다. 조직 구성, 조사 및 연구, 분석과 개선을 추진하는 데 있어 새로운 도전이 필요했다.

그러나, 지금은 상황이 다르다. 전 세계적으로는 1960년대 이후 60여 년, 우리나라의 경우 40년 이상 환경문제가 개인의 삶과 사회 안전에 영향을 미쳐 오고 있다. 산업 활동과 오염 처리에 대한 정책과 제도도 지속해서 강화되어 오고 있다. 환경이 이제는 특별한 주제가 아닌 것이다.

그런데도, 우리는 여전히 환경을 특별하게 여기고 있다.

환경을 위해 꾸준히 실천하는 사람을 특별한 사람이라 말하며, 때로는 평범하지 않다는 부정적 시각으로 바라보기도 한다. 기업들은 별도의 환경경영 전략을 수립하고, 환경 관련 제품 개발을 일상적인 절차와 구분하여 진행하는 경우가 많다. 정부 정책도 마찬가지다. 산업부, 국토부, 외교부 등 환경 이슈에 영향을 받는 부처는 늘어나고 있지만, 여전히 환경부 외에는 별도의 사안으로 다루는 경우가 대부분이다. 이는 환경을 여전히 특별하게 구획 짓고 있다는 것을 보여 준다.

특별한 가치로 인식되면 어떤 일이 벌어질까?

특별한 가치는 시간이 지나면 사라진다.
과거 환경경영이 기업의 경영 전략에 통합되지 못한 이유도, 환경이 보편적 가치가 아닌 특별한 항목으로 머물렀기 때문이다. 그린 비즈니스에서 그린이 특별한 가치로 인식되면, 처음에는 그린이 강조되지만, 시간이 흐르면 비즈니스라는 목적만 남게 될 가능성이 크다.

특별한 가치는 대중과도 멀어진다.
녹색 소비 분야를 보자. 일반 소비자는 특별한 가치를 우선하여 선택하지 않는다. 주류 소비자가 녹색 소비를 받아들이려면, 녹색이 보편적 가치여야 한다.
특별한 가치를 추구하기 어려운 중소기업은 환경경영을 포기하거나 형식적으로 대응하게 되고, 대기업들은 흉내만 내는 경우가 많다. 진정한 환경 철학을 가진 기업으로 인정받는 기업들이 30년째 제자리인 것은 이를 보여 주는 것이다.

환경은, 이제 더 이상 특별 대우가 필요하지 않은 보편적 가치다.

지금까지 환경문제를 제대로 이해하는 데 방해가 되는 4가지 대표적인 표현을 살펴보았다.

환경문제는 지구보다 우리 인간에게 더 직접적인 영향을 미치고 있으며,
환경문제를 해결하기 위해서는
환경을 보편적 가치로 대하고, 친환경이 불편함을 극복해야 할 주제가 아니고, 당연히 개선해 나가야 할 일상이 되어야 한다.

그리고 추가적으로 **"규제"**라는 장벽이 있다.

환경 규제는 법적으로 환경을 보존 또는 보호하기 위해 만들어진 제도를 뜻하지만, 기업 활동을 위축시킨다는 의미가 깔려 있다. 그러다 보니 경제가 어렵다는 이야기가 나올 때마다, 기업 활동을 위해 환경 규제를 줄여야 한다는 목소리가 반복된다.
우리는 살인죄를 "규제"라고 부르지 않는다. 환경오염은 직간접적으로 사람들을 죽인다. 100명의 수명을 1년 줄인다면, 이는 1명을 살인한 것과 같다.

환경에 대한 진정성 있는 관심은 올바른 이해에서 비롯된다.
그 관심이 행동으로 이어지려면 환경 개선을 통해 얻을 수 있는 이익과 가치가 필요하다.
이익과 가치가 불편이나 노력을 넘어설 때, 비로소 실질적인 동기로 작동한다.

1.
실망과 희망을 함께 경험하다

1) 실망 속에서 찾은 보람

환경 분야에서 일하면서, **실망과 보람, 무기력감과 가능성, 그리고 억울함과 회의감**을 느껴 왔다.
이런 경험들을 바탕으로 환경문제 해결을 위한 과정을 간단히 정리해 보았다.

관심 → 동기 → 방법 → 해결

모든 것은 '관심'에서 시작된다.

환경문제든, 그 무엇이든 변화의 출발점은 관심이다.
관심이 없다면, 어떤 변화도 시작되지 않는다.

하지만 관심만으로는 부족하다.
적절한 동기가 있어야 비로소 행동으로 이어지고, 행동이 있더라도 올바른 방법을 적용하지 않으면 문제를 제대로 해결할 수 없다.

관심의 차이가 결과를 결정짓는다.
관심의 여부는 실망과 보람이라는 상반된 결과로 나타났다.

◇ 자동차 브레이크 패드 도장 공정의 낭비

자동차 브레이크 패드 제조 회사 공정의 환경 부하를 분석한 적이 있다. 일반적으로 도장 공정은 물과 페인트, 용제 등 화학 물질을 사용하며, 폐수와 대기 오염 물질을 다량 발생시킨다.
분석 결과, 페인트와 용제의 낭비가 가장 큰 문제였다. 공정에 투입된 페인트의 70%가 실제 제품에는 사용되지 않고 공중으로 날아가 버렸다. 즉, 실제 칠해진 페인트는 30%뿐이었고, 나머지는 그대로 재료비와 오염물질 처리비용으로 낭비되고 있었다.

이 문제를 회사 대표에게 설명하고 개선 방안을 제안했다. 하지만 그는 이 문제에 전혀 관심이 없었다. 오히려 환경을 다룬다면서 왜 공정에 개입하느냐며, 비용이 든다고 개선 제안을 무시했다.

허탈한 마음을 안고 집으로 오던 중 고속도로 휴게소에서 "마음에 없으면 눈앞에 있어도 보이지 않고 말해 주어도 듣지 못한다."는 글귀를 보았다. 그 순간 깨달음이 찾아왔다. 대표의 마음에 환경이 없으니 환경문제에서 출발한 개선은 눈에 보이지 않았던 것이다.

집에 와서 그 문장을 찾아보니 그것은 공자의 말씀으로 대학에 나오는 구절이었다.

心不在焉 視而不見 聽而不聞 食而不知其味
심부재언 시이불견 청이불문 식이부지기미
마음이 있지 않으면 보아도 보이지 않고,
들어도 들리지 않고, 먹어도 그 맛을 모른다.

◇ 인쇄 회사의 잉크 낭비 해결

반면, 환경에 대한 관심과 의지가 있었던 인쇄 회사 대표는 다른 결과를 보여 주었다.

이 회사에서는 사용 빈도가 낮은 색상의 잉크가 시간이 지나면서 변질되거나 굳어지는 문제가 있었다. 드물게 사용되는 색상이라도 필요는 하기 때문에 70여 종류의 잉크를 보관하고 있었다. 이 상황을 개선하려면 잉크 공급사와의 협의가 핵심이었다. 자체적인 개선도 쉽지 않은데, 다른 회사와 협력을 통한 개선은 가능성이 더 낮다.

대표의 관심과 의지는 이 어려움을 극복했다. 문제점과 개선 방향에 대한 논의와 시범 운영을 거쳐 성과를 이루어 냈다. 방법은 업무 흐름의 순서를 조정하는 것이었다.

기존에는 잉크 회사에서 8종의 원색 잉크를 70여 종의 다양한 색상으로 조색하여 납품했는데, 8종의 원색 잉크를 납품하고 조색을 인쇄 회사에서 실행하는 것으로 변경했다.

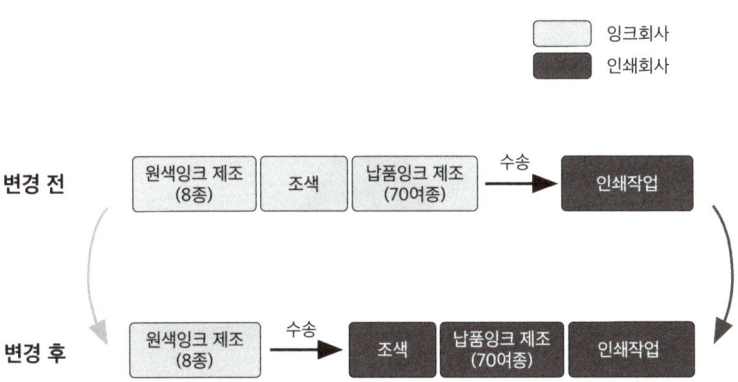

그 결과 인쇄 회사는 버려지는 잉크가 감소했다. 그런데 더 큰 성과는 잉크 색상 품질이 좋아지고 원료 구입 가격이 줄어든 것이었다. 잉크 회사도 성과가 있었다. 조색 관련 관리 비용과 운송 비용이 절감되었다. 말 그대로 윈-윈을 실현할 수 있었다.

◇ 담당자의 의지가 성과로 이어진 사례

경영자의 의지뿐만 아니라, 담당자의 관심과 노력으로 훌륭한 성과를 거둔 적도 있었다.

호텔 피트니스 센터의 사우나에서, 고객들이 평균 5분 정도만 입는 가운을 매번 세탁하고 있었다. 거의 오염되지 않았지만, 다른 사람이 사용한 가운을 다시 입을 수는 없기 때문이다.

세탁 과정은 물과 세제를 사용하고 폐수가 배출된다. 세탁할 필요가 없는 가운을 세탁하는 것은 환경에 좋지 않고 비용도 드는 상황이라, 이것을 개선하고 싶었던 담당자는 아이디어를 냈다.

옷걸이에 고객의 이름을 적어 자신이 입은 가운을 본인의 선택에 따라 여러 번 입을 수 있도록 한 것이었다.

시행에 앞서 고객들에게 취지를 설명하니 대부분의 고객이 긍정적으로 받아들여 평균 2~3회를 입었다. 세탁 관련 환경 부하와 비용은 절반 이하로 줄었다. 고객들이 환경을 생각하게 하는 계기가 되었고, 피트니스 센터에 대한 좋은 평가를 덤으로 얻을 수 있었다.

환경문제가 나, 그리고 우리에게 어떻게 연결되어 있는지 생각해 보고, 개선의 성과가 어떤 이익으로 돌아올지를 신중하게 살펴보는 것, 이것이 바로 관심의 시작이자 변화의 첫걸음이다.

2) 무기력감을 넘어 가능성을 보다

◇ 무기력감의 경험

어느 제약회사에서의 경험이다. 폐기물 보관장에 영양제 포장 폐기물이 산더미처럼 쌓여 있는 광경을 보고 의문이 들었다.

"이게 뭔가요? 공장에서 나오는 폐기물이 아닌 것 같은데, 왜 이렇게 많죠?"
"포장 상태가 나빠지면 반품이 돼서 공장으로 돌아오고, 다시 포장해서 나갑니다."
"포장 상태가 나빠진다는 것이 어떤 의미인가요?"
"보세요. 비닐 코팅이 일어났죠! 이러면 팔리지 않아요."
"왜 이런 일이 생기나요? 안 생겨야 정상 아닌가요?"
"그게, 약국에서 진열하면서 햇빛을 받거나 시간이 지나면 이렇게 될 수 있어요. 유통기한이 남아 있어서 공장으로 들여와서 재포장하고 다시 나가게 됩니다."

이 상황이 불필요한 낭비라고 느껴져 못마땅했다. 이 문제를 해결하고 싶었다. 환경 부하를 줄이면서 경영 성과도 올릴 기회라고 생각했다. 환경영향평가를 통해 문제의 발생 가능성과 그 영향의 크기를 분석한 결과, 빈도는 높지 않았지만, 환경과 사업에 미치는 영향은 개선이 필요함을 보여 주었다.

먼저 원인을 파악했다. 문제의 원인은 바로 비닐 코팅 그 자체였다. "왜 코팅을 하나요?"라는 질문에 돌아온 대답은 "늘 해 오던 대로, 제품이 고급스러워 보이기 때문"이었다.
코팅을 안 하면 어떻게 될까? 우리는 비닐 코팅의 필요성을 검토하고, 코팅 없이도 고급스러운 느낌을 줄 수 있는 포장 사례를 찾아보았다. 그 결과 유럽에서는 약품이나 화장품 포장에서 비닐 코팅을 하지 않거나, 아예 비닐을 사용하지 않는 경우가 이미 존재했다.

비닐 코팅을 하지 않으면 우선 비닐이라는 물질을 사용하지 않아도 된다. 코팅 공정도 필요 없다. 포장재 재활용이 쉬워진다. 폐기물 보관장에서 발견했던 문제도 자연스럽게 해결된다.
공장 책임자는 이 개선안에 감탄하면서, 환경 개선을 통해 원가 절감도 얻을 수 있으니 본사에 보고하여 당장이라도 시행해야겠다고 기쁨을 감추지 않았다.

하지만, 우리는 이 개선안을 시작하지도 못했다.
본사 경영 회의에서 마케팅 본부장의 반대로 무산되었기 때문이다. 비닐 코팅이 없는 해외 사례도 있는데, 마케팅 차원에서 우려되면 코팅 없이 시장을 유지할 수 있는 방법을 검토해야 하는 것이 아닌가 하는 생각이 들었다. 다른 분야의 한마디에 개선안이 백지화되면서 무기력감이 들었다.
이 경험을 통해 환경 개선에는 타 부서, 다른 분야와의 협력이 중요하다는 교훈을 얻었다.

지금은 시간이 흘러 비닐 코팅이 많이 줄었지만, 여전히 코팅, 이중 박스 등 불필요한 포장이 많다. 이미 과대 포장된 제품을 사용하고 난 후 분리수거를 열심히 하는 것은 사후 약방문에 불과하다.

20여 년 전, 친환경 포장 사례를 조사하던 중, **종이 박스만으로 셔츠를 포장한 상품을 발견한 적이 있었다.** 포장 공정이 간단하고, 소비자 입장에서도 개봉과 분리수거가 무척 쉽다. 이 셔츠는 저가 상품이 아니었다. 품격과 실용성을 동시에 갖춘 포장이었다. 여러 자리에서 이 사례를 소개해 오고 있지만, 안타깝게도 우리나라에서 비슷한 개선을 본 적이 없다.

어떤 중소기업은 폐기물의 70% 이상이 발주를 주는 대기업에 의해 발생하고 있었다. 대기업의 발주 주기가 1주일 간격인데 2주일로 변경하면 폐기물을 절반 이상 줄일 수 있었다.
또한, 충분한 시간이 배려되지 않은 디자인 변경은 창고에 보관된 기존 제품을 버리게 만들었다. 이 역시 무기력감을 느끼게 했다.

동시에 가능성도 보았다.

발주 주기 조정과 같은 예민한 사업 프로세스를 변경하는 것이 불가능하다는 의견이 있었지만, 경영진 주도하에 발주 주기를 개선해 나가는 노력을 지켜보는 기회가 있었다.
대기업의 디자인팀이 인쇄 과정에서 폐기물을 최소화할 수 있는 방안을 검토하는 장면도 목격했다. 같은 디자인이라도 **가로와 세로** 방향에 따라 폐기물 발생량이 달랐다. 대기업이 협력사의 입장과 상황을 배려해 주는 경우가 드물었기에, 이러한 모습은 인상적이었다.

국내에 있는 한 외국계 기업에서도 가능성을 실감했다. 이 회사는 설비 수리 시스템의 우선순위를 안전 1위, 환경 2위, 품질 3위로 설정하여 운영하고 있었다. 개인의 의지와 관계없이 안전과 관련된 설비의 수리가 항상 우선이 되고, 그다음이 환경이었다. 이 회사는 안전과 환경 관리 수준이 매우 높았으며, 생산 실적 또한 성장세였다. 이 결과는 생산이 우선시되어야 실적이 높다는 기존 관념을 넘어선 것으로, 안전과 환경 관리의 수준이 높아질수록 생산 역시 우수해진다는 것을 보여 주었다.

이에 대한 연구 사례도 있다.

산업안전보건연구원은 2011년부터 2018년까지 코스피와 코스닥 상장 기업 568개를 대상으로, 산업재해와 경영성과의 연관성을 분석했다. 그 결과, 산업재해율이 1.0% 증가하면, 1인당 영업이익은 약 211만에서 247만 원까지 감소하는 것으로 나타났다.

산업안전과 보건에 미치는 환경 사고와 오염의 영향을 고려하면, 환경과 안전이 곧 생산성과 이익에 직결된다는 것을 분명히 알 수 있다.

이러한 경험들은 결국 오늘날 전 세계 금융시장을 변화시키고 있는 ESG 개념의 논리적 토대와 연결된다.
ESG는 환경(Environment), 사회(Social), 지배구조(Governance)를 기준으로 기업의 지속가능성을 평가하는 새로운 투자 방식이며, 전 세계적으로 빠르게 확산되고 있다.

의사 결정권자를 설득하는 과정에서 의미 있는 개선을 기대할 수 없을 때, 소비자 입장에서 선택할 수 있는 환경적 대안이 없을 때 무기력감을 느꼈다.
하지만 환경 개선을 통해 회사, 나아가 사회의 수준이 높아져 가는 사례를 발견할 때는 가능성을 보았다.

환경문제는 개인의 노력뿐 아니라 조직과 시스템의 변화가 함께 이루어질 때 비로소 실질적인 성과를 기대할 수 있다.

3) 회의감에서 도전으로

환경 분야에서 일하면서 나는 종종 회의감을 느꼈다. 사람들이 환경에 관심이 부족하고, 환경문제를 개선할 동기는 부족하며, 실행되고 있는 방법조차 적절하지 않은 경우가 많았다.
그렇다고 **누구를 탓하거나 사회를 비판하려는 것이 아니다.**
환경 이슈는 본질적으로 관심을 끌기 어렵고, 현재의 제도적 시스템은 제대로 된 동기를 만들어 내기에 한계가 있다.

◇ 환경 이슈의 복잡성

환경 이슈는 원인과 결과의 관계가 복잡하다. 이러한 복잡성은 환경 이슈가 주목받기 어려운 주요 이유 중 하나다. 인간의 이기심 또한 빼놓을 수 없다. 환경은 우리 모두의 것인데, 모두의 것은 결국 아무의 것도 아닌 셈이 된다. 내 것이라고 인식하지 못하면 자연스럽게 관심에서 멀어지기 마련이다.

여기에 환경문제 관련하여 "지구를 위한다."는 식으로 포장하는 메시지는 오히려 사람들을 환경문제에서 멀어지게 만든다.

◇ 미디어와 문화 속의 환경 무관심

현재 미디어는 환경에 대한 무관심을 더욱 악화시키고 있다. 무분별한 먹는 방송과 지나친 해외여행 방송, 드라마 속 과도한 식탁 차림은 환경에 대한 무관심을 여실히 보여 준다.

* 육류 소비는 건강한 단백질 섭취를 위한 중요한 수단이며 식사의 즐거움을 주기도 한다. 그러나 과도한 육식은 개인의 건강은 물론, 기후변화를 유발하는 온실가스 배출의 주범 중 하나로 환경에도 부정적인 영향을 미친다.

* 해외여행은 삶에 활력을 주고 타 문화를 경험할 수 있는 소중한 기회지만, 항공은 모든 교통수단 중 온실가스 배출량이 가장 높은 수단이다. 그럼에도 불구하고, 방송에서 반복되는 비슷한 형식의 여행 콘텐츠는 시청자의 공감보다는 피로감과 회의감을 안긴다.

* 드라마 속 식탁 연출은 특히 문제적이다. 흔히 등장하는 부유한 가정의 과도한 상차림은 음식 낭비를 당연시하는 분위기를 조장하고, 소비 지향적 문화를 무비판적으로 재생산한다.

◇ 노력과 성과의 단절: 불공정의 문제

환경문제뿐만 아니라 모든 개선에는 노력이 필요하다. 하지만 그 노력이 성과로 이어지지 않는다면, 지속하기 어렵다. 특히 개인은 환경을 위한 노력이 즉각적인 성과로 돌아오는 것을 체감하기 어렵다. 기업은 상대적으로 노력이 성과로 연결되는 것을 파악할 수 있지만, 여전히 소수의 기업만이 실질적인 노력을 기울이는 실정이다.

동기를 죽이는, 이러한 노력과 성과의 단절은 바로 "불공정"에서 출발한다.
부유한 사람과 국가가 환경에 더 많은 부담을 주고, 이를 통해 더 많은 이익을 얻지만, 정착 환경 피해에는 덜 노출된다.

아이러니하게 부유한 사람, 국가가 정치, 경제적으로 힘이 있어서, 환경문제를 해결할 수 있는 위치에 있지만, 별다른 의지를 보이지 않는다.
환경에 더 큰 피해를 주지만 영향은 덜 받는 자가 힘이 있다 보니 환경문제 개선을 위한 동기가 수면 위로 올라오지 못하는 것이다.

우선순위로 다루어지는 적극적인 논의 주제를 보면 안다. 오존층 파괴 문제를 보자. 인종적으로 자외선에 대해 백인이 약하다. 동양인은 자외선이 어느 정도 증가하더라도 피부암에 걸릴 염려가 **백인에 비해 적다.** 환경문제 중 상황이 파악된 후 가장 적극적으로 대책이 추진되어 개선 성과가 나타나는 분야가 바로 오존층 파괴인 것은 시사하는 바가 있다.

기업들이 환경문제 해결에 적극적이지 않은 것 역시 불공정에서 그 원인을 찾을 수 있다.
기업이 발생시킨 환경오염을 처리하는 데 드는 비용의 상당 부분을 기업 외부에서 부담한다. 국가와 국민, 소비자와 지역사회가 이 비용을 지불하고 있다. 이를 외부화 비용(externalized cost)이라 부른다.

환경 문제로 인한 영향을 경제적 가치로 분석한 영국 회사 트루 코스트(True Cost)의 보고서에 따르면, 2008년 전 세계 3,000개 기업의 외부화 비용은 2조 2천억 달러, 한화 약 2,600조 원으로 나타났다. 이는 전체 기업 이익의 1/3에 해당하는 규모다.

국내 한 기업은 지속가능경영 보고서를 통해 '지속가능경영의 가치'를 다음과 같이 제시한 적이 있다.

지속가능경영 가치 = 재무적 가치 + 사회경제적 가치 + 환경적 가치

재무적 가치	사회, 경제적 가치			환경적 가치				실제 가치
	투자자	협력사	지역사회	온실가스	대기오염	수질오염	폐기물	
10조	18조	1조	1조	-1조	-0.5조	-0.3조	-0.2조	28조

여기서 환경적 가치는 기업이 훼손시킨 내용이어서 손실, 즉 "-"로 나타났다.

그런데 재무적 가치와 사회경제적 가치는 대부분 기업의 수익과 직결되며, 환경적 가치는 기업이 부담하지 않고 사회에 떠넘긴 환경비용일 가능성이 크다.

환경비용을 단순히 수익 항목에서 빼는 방식으로 지속가능경영의 가치를 계산하는 것은 부적절하다. 외부화된 환경비용이 분명히 존재함에도 불구하고, 최종적으로 지속가능경영 가치가 '긍정적'으로 산출되면, 마치 환경비용 외부화가 아무런 문제가 없는 것처럼 보일 수 있기 때문이다.

이러한 접근은 분명히 불합리한 부분이 존재하지만, 적어도 환경 가치를 수치로 산정해 보려 했다는 점은 긍정적으로 평가할

만하다.

결론적으로 보고서에 나타난 약 2조 원 규모의 환경 가치는, 실제로는 기업이 사회에 전가한 환경비용일 가능성이 있다. (이는 가상의 수치를 기반으로 설명한 예시임)

이러한 조사 결과를 바탕으로 기업에게 책임을 물어야 한다고 주장하는 것이 아니다. 불공정이 어떠한 형태로 환경문제 해결을 가로막고 있는지를 이야기하고 싶은 것이다.

◇ 변화의 가능성과 도전

여러 부정적인 상황에서도, 올바른 관심을 가진다면 보람된 성과를 낼 수 있고, 동기를 만들어 낼 가능성 역시 경험했다.

유럽연합에서 발표하고 있는 탄소국경조정세(Carbon Border Adjustment Mechanism), ESG 공시제도들은 보다 강력한 동기를 이끌어 낼 수 있는 긍정적인 움직임이다.
하지만 궁극적으로, 불공정한 구조 자체를 개선해야 우리 사회가 유지되고 발전할 수 있을 것이라는 데는 추호의 의심도 없다.

처음에는 나도 환경오염의 피해자라고 생각했었다. 그러나, **실상은 가해자에 속한다는 깨달음에, 억울함이 책임감으로 바뀌면서 내가 할 수 있는 일을 찾기 시작했다.** 그것은 글을 통해 내 경험과 생각을 이야기하는 것이었다.

글로 변화를 이끌어 낸다는 것이 쉽지는 않을 것이다. 하지만, 도전할 가치는 있다고 믿는다.

2. 왜, 이제라도 환경에 관심을 가져야 할까?

1. 다음 중 우리가 지금 환경에 관심을 가져야 하는 가장 시급한 이유는?

A. 환경 보호는 법으로 정해져 있기 때문에

B. 미래 세대가 중요하다고 하니까

C. 환경오염은 이미 현재 우리의 건강과 생계에 영향을 미치고 있기 때문에

D. 환경운동이 유행이기 때문에

2. 다음 중 개인의 실천이 실제로 큰 영향을 미칠 수 있는 분야는 어디일까?

A. 기후변화 대응   B. 생물 다양성 보전

C. 자원순환   D. 대기질 개선

3. 다음 중 환경을 보호하면서 동시에 우리가 얻을 수 있는 이익이 아닌 것은?

A. 건강 개선   B. 에너지 비용 절감

C. 일자리 감소   D. 생물 다양성 회복

1) 환경과 건강, 놀랍도록 닮은 점들

우리는 환경문제를 해결하고 싶어 한다. 적어도 표현은 그렇게 한다. 그러나 개인의 실천 수준이나 정책의 주요 주제, 언론의 관심사를 보면 현실과의 괴리가 드러난다.

가장 먼저 떠오르는 괴리는 환경문제의 실질적 위험성과 우리의 인식 간 간격이다. 이는 환경문제의 심각성에 대한 정확한 정보의 부족에서 비롯되기도 하지만, 그보다는 **인식 자체가 쉽지 않은 구조적 문제에 기인한다.**

두 번째는 인식과 실천 **사이의** 틈이다. 환경의 중요성을 인식하고 있어도 실제 행동으로 이어지지 않는 경우가 많다. 이는 동기의 부족에서 원인을 찾을 수 있다. 동기는 신뢰, 가치와 연결된다. 정보가 있어도 믿기 어려우면 실천하지 않게 되고, 경제성과 편리성이 떨어지면 실천이 어려워진다.

이러한 괴리들은 "건강"이라는 주제를 떠올리게 한다.

환경문제에서 나타나는 실재와 인식의 **간격**, 인식과 실천의 **틈은**

건강이라는 주제에서도 동일하게 발견된다.

삶에 있어 건강의 우선순위가 어떤지는 개인의 나이와 신체적, 경제적 상황에 따라 다를 것이다. 하지만, 모든 설문 조사에서 건강은 개인의 삶에서 가장 중요한 요소로 손꼽힌다. 그러나 실제로 건강을 위해 노력하는 비율은 상대적으로 적다.

⇒ 건강보험정책연구원의 2019년 국민 인식조사에 따르면, **89.2%**가 건강 관리의 중요성을 인식했지만, 실제로 노력한다고 답변한 사람은 **64.1%**에 불과했다. 이 64%에는 **건강보조식품을 복용하는 것도** 포함된다.

⇒ 건강 관리를 못 하는 이유로 **시간이 없어서가 60.2%**로 가장 높았는데, 이는 중요하게 생각한다는 답변이 과장되었을 가능성을 여실히 보여 준다.

건강과 환경 모두 실재 중요성에 비해 인식이 낮고, 인식의 수준에 비해 행동이 따라가지 못하고 있다. 이제 환경과 건강이 어떻게 닮았는지 구체적으로 살펴보자.

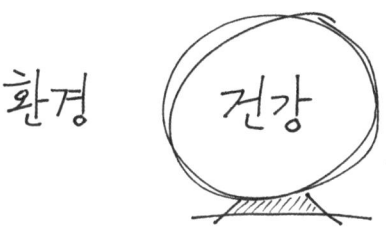

(1) 범위와 의미가 명확하지 않다

환경, 건강, 둘 다 익숙한 용어지만, 막상 그 의미와 범위를 명확하게 설명하기는 쉽지 않다.

먼저 환경의 개념을 살펴보자.
환경은 자연환경과 생활환경으로 구분된다.
자연환경은 인간이나 동식물의 생존이나 생활에 영향을 미치는 자연적 조건이나 상태, 즉 생태계를 의미한다.
생활환경은 사람이 생활하는 데 영향을 미치는 사회적, 가정적, 주변적 조건이나 상태를 말하며 대기, 수질, 폐기물 등 각종 오염과 사람이 사회적 활동을 하는 데 필요한 도로, 공원 등과 같은 사회적 환경, 역사 문화적 유산인 문화적 환경까지 포함된다. 언론에 자주 등장하는 교육 환경, 가정환경, 환경 미화까지 생각해 보면, 환경이라는 용어에 연결되지 않는 분야를 찾기 어려울 정도다.

건강의 경우는 어떠한가?

건강의 범위는 몸에 국한될 것 같지만, 신체적인 부분뿐만 아니라 정신 건강, 더 나아가 건강한 사회, 건강한 관계까지 확장될 수 있다. 신체적인 범위만 보더라도 병원의 진료 분야를 생각하면 단순하지가 않다. 소화기, 호흡기, 순환기, 신경계, 뼈와 근육, 피부, 눈, 코, 입 등 다양한 분야가 존재하며, 정신 건강은 별도의 독립 영역으로 다뤄진다.

이렇듯 환경과 건강은 머릿속에서는 쉽게 이해할 수 있는 것처럼 보이지만, 막상 뚜껑을 열어 보면 그 범위와 의미를 정확하게 규정하기가 어렵다.

(2) 원인과 결과의 관계가 복잡하다

하나의 환경문제를 발생시키는 원인이 다양하다. 초미세먼지의 경우 차량 배기가스와 산업 시설 배출이 직접적인 원인이지만, 대기 중에서 화학 반응을 통해 생성되는 2차 생성, 즉 간접 영향의 비중이 더 크다.

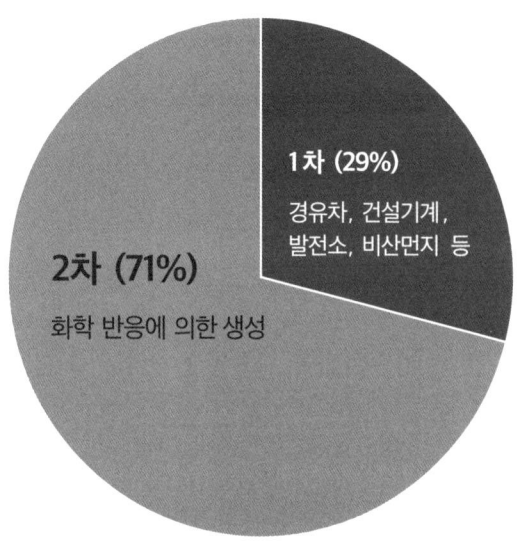

가장 주목받고 있는 기후변화를 보자.

현재 기후변화의 95% 이상이 인위적 원인으로부터 발생한다고 보고된 바 있지만, 태양 에너지의 변화, 화산 폭발, 기후 시스템 변화와 같은 자연적 원인도 영향을 미친다.
주요 원인으로 지목된 인위적 원인은 석유, 석탄 등 화석 연료의 사용과 축산 및 산림 벌채 등인데, 이들은 전기·전자 제품 등 에너지 사용과 산업 활동, 자동차, 비행기와 같은 운송 수단 이용 등 다양한 인간의 활동이 관련되어 있다.

건강 문제도 마찬가지다.

건강에 문제를 일으키는 원인은 유전적 요인, 생활 습관, 사고, 주변 환경 등 다양한 요소들이 연결되어 있다. 여러 요인이 종합적으로 작동하여 질병으로 나타나는 경우, 각 원인이 차지하는 비중을 정확히 분석하기 어렵다.

고혈압을 살펴보자. 고혈압을 유발하는 원인으로는 비만, 식습관, 흡연, 운동 부족 등이 대표적인데, 스트레스와 같은 간접적 원인과 자연스러운 원인인 나이 및 선천적인 유전 역시 무시할 수 없다.

기후변화와 고혈압의 인과관계를 비교해 보면 다음과 같이 정리해 볼 수 있다.

이슈	불가항력적 원인	직접 원인	간접 원인
기후변화	자연적 원인: 태양에너지 변화, 화산 폭발, 기후시스템 변화	온실가스 배출: 화석연료 사용(에너지 사용, 산업 활동 등), 축산, 산림 벌채 등	발전 중심의 경제 정책, 생산 위주의 기업 경영, 육류 위주의 식습관 등
고혈압	유전적 원인, 나이에 의한 노화	중성지방과 저밀도 콜레스테롤, 혈관 수축: 비만, 흡연 등	운동 부족, 스트레스 등

환경문제와 건강이 연결된 인과관계는 더 복잡하다. (Ecosystems and Human well-being: health synthesis, 2005, WHO)

⇒ 기후변화는 농업 생산량이나 해안 어업에 부담을 줄 수 있는데, 이것은 영양 결핍 및 결핍된 영양과 관련된 질병으로 이어질 수 있다.

⇒ 삼림 벌채는 지역의 기후와 질병 패턴을 변화시킬 수 있으며, 장기간에 걸쳐 잠재적으로 질병 분포에 영향을 미칠 수 있다.

⇒ 깨끗한 물의 이용 가능성 감소는 다양한 수인성 질병을 증가시키고 농업 생산량을 감소시킴으로써 건강에 악영향을 미칠 수 있다.

⇒ 생태계 파괴에서 기인한 여러 상황은 질병의 출현 및 재출현으로 이어질 수 있으며, 빈곤, 부실한 예방 및 대처 등 지역 요인은 지역 전염병으로 고착될 수 있다.

⇒ 지역 전염병이 국제화와 관련한 인간 활동과 합쳐지면, 세계적 질병 대유행(global pandemic)이 발생할 수 있다. 이 부분은 코로나-19를 통해 확인되고 있는 사실이다.

원인과 결과의 복잡성을 악화시키는 것이 있는데, 한 분야에 이로운 것이 다른 분야에는 문제를 일으키기도 한다는 점이다.

⇒ 경유차는 에너지 저감과 온실가스 배출에는 긍정적이지만, 대도시 미세먼지 발생의 주범이다.

⇒ 과불화탄소(PFCs)는 오존층 파괴에는 기존 물질에 비해 긍정적이지만, 기후변화를 일으키는 온실가스에 해당한다.

2015년, 해양 생태계 유지에 중대한 기여를 하는 식물성 플랑크톤이 지구온난화에는 부정적인 영향을 미칠 수 있다는 연구 결과가 발표됐다.
동물성 플랑크톤의 먹이인 식물성 플랑크톤은 광합성을 통해 대기 중의 이산화탄소를 흡수하기 때문에 지구온난화 해결에 도움을 주는 것으로 알려져 있었다. 그런데 포스텍과 한국해양과학기술원, 독일 막스플랑크 기상학연구소 공동 연구진은 식물성 플랑크톤이 오히려 태양 빛을 흡수해 수온을 높여 지구온난화를 20%까지 증폭시킬 수 있다고 발표했다.
이렇듯 연구에 따라 새로운 인과관계가 발견되기도 한다.

이는 아직도 밝혀지지 않은 것이 많다는 것을 의미한다.

건강 분야에서 상반된 영향을 미치는 사례를 살펴보자.
과일과 야채, 해산물과 견과류는 고혈압에 좋은 음식으로 추천된다. 그러나 신장병 환자에게는 피해야 할 음식이다. 신장 질환을 앓고 있으면 야채와 과일에 많이 들어 있는 칼륨을 제대로 배출하지 못하며, 해산물이나 견과류, 치즈 등에 많이 포함된 인이 뼈의 칼슘을 배출시켜 골다공증을 일으킬 수 있다.

인과관계의 복잡성을 부추기는 것이 하나 더 있다.
그것은 원인과 결과가 여러 단계를 거친다는 점이다. 대기 중 황산화물이 증가하면 일차적으로 대기오염을 일으키지만, 비가 온 후 산성비로 인해 토양의 산성화로 연결된다. 이러한 단계들은 문제를 인식하는 데 시간이 걸리게 만들고, 인과관계를 모호하게 만들어 대처를 늦추게 한다.

게다가 환경문제나 건강 문제가 최종 단계를 의미하지 않는다.
인류가 기후변화로 인해 멸망한다면, 기후변화 자체가 아닌 기후변화로 인한 **전쟁, 질병, 자연재해**가 될 것이다.
사람이 고혈압으로 사망할 때도 고혈압 자체가 아닌, 그로 인한 **뇌졸중이나 심근경색과 같은 합병증**으로 사망에 이른다. 이러다 보니 기후변화나 고혈압과 같은 환경 및 건강 문제의 심각성을 간과하는 경향이 있는 것이다.

(3) 전문적이고 종합적인 처방이 필요하며, 사기와 잘못된 정보도 적지 않다

환경문제와 건강 문제 모두 원인과 결과 간의 연결 고리가 복잡해, 정확한 진단과 올바른 해결책을 찾기가 어렵다.

2023년 8월, 세계적으로 인정받는 미국의 존스홉킨스대 의과대학은 평균 오진율이 11.1%에 이른다고 발표했다.

환경 분야에서 오류 비율에 해당하는 직접적인 통계는 없지만, 다양한 정책과 노력에도 불구하고 환경오염 관련 지표가 여전히 부정적인 결과를 보이는 현실은 제대로 된 처방이 이루어지지 않고 있다는 것을 방증한다.

환경목표의 진척 상황: 부족한 성과
2015년 이후 진행되고 있는 17개 UN 지속 가능발전목표(SDGs)에 대한 상황을 보면, 환경 관련 목표가 가장 뒤처져 있다는 사실을 확인할 수 있다. (2021 Sustainable Development Report)

- 12번 책임 있는 소비와 생산 – 퇴보 중
- 13번 기후 행동 – 개선 저조

- 14번 수생태계 보호 – 가장 개선 저조
- 15번 육상 생태계 보호 – 오히려 퇴보

우리나라의 SDGs 진행 상황도 세계적 추세와 크게 다르지 않다. 13번 기후 행동, 14번 수생태계, 15번 육상 생태계가 가장 부족한 성과를 보이며, 12번 책임 있는 소비와 생산은 저조한 실적에도 개선이 이루어지지 않고 있다.

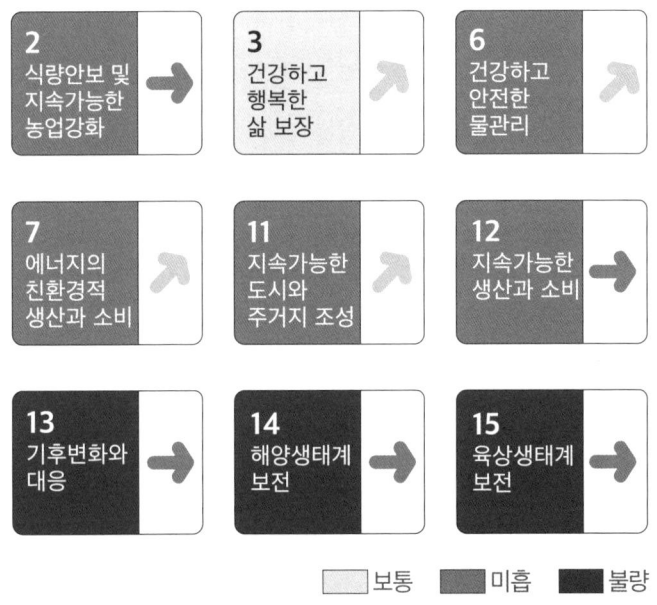

해결은 어렵고, 사기는 쉽게 스며든다.

해결이 어려운 복잡한 문제일수록 사람들은 쉽게 지치고, 그 틈에 사기와 왜곡된 정보가 스며들기 쉽다.

환경 분야의 대표적인 예로 기후 위기 허구론과 그린워싱(green washing)이 있다. 그린워싱은 기업이 실제로는 환경에 큰 도움을 주지 않으면서도, 마치 친환경적인 것처럼 포장하여 소비자들을 기만하는 행위를 뜻한다.

건강 분야에서도 유사한 일이 벌어진다. 각종 부작용을 유발하는 잘못된 건강 비법이나 검증되지 않은 치료법이 버젓이 유통되며, 이를 믿었던 사람들이 피해를 입는 경우가 많다.

복잡한 문제일수록 필요한 것은 '종합적인 처방'

환경과 건강 모두 복잡한 인과관계와 다층적인 영향을 미치는 문제이기 때문에, 단편적인 접근으로는 실질적인 해결이 어렵다.
이런 종류의 문제를 해결하기 위해서는 전반적인 상황을 입체적으로 이해하고, 전문적인 지식과 과학적 근거에 기반한 '종합적 접근'이 필수적이다.

환경 정책은 과학적 데이터와 분석에 기반해야 하며, 건강 분야에서도 근거 기반의 의료 서비스(EBM: Evidence-Based Medicine)를 통해 진단과 치료의 정확성을 높여야 한다.
복잡한 문제일수록 단순한 해법이 아닌, 체계적이고 종합적인 대응이 해답이다.

(4) 매우 강력한 경쟁 상대가 있다

환경과 건강 둘 다 가장 강력한 경쟁자는 바로 "**돈**"이다.
경제적 이익은 때때로 환경과 건강의 가치를 종종 압도하며, 사회적 우선순위가 경제 논리에 따라 좌우되는 경우가 많다.

환경과 경제: 규제 완화의 덫
환경문제는 종종 경제 발전을 위해 희생된다.
경제가 어려워질 때마다 등장하는 처방은 규제 완화이며, 그 대상의 첫 순위는 대개 환경 규제다.
이러한 규제 완화는 단기적으로 경제적 이익을 제공할 수 있지만, 장기적으로는 환경비용을 증가시켜 더 큰 경제적 손실을 초래할 수 있다.

건강과 경제: 일과 삶의 균형 상실
건강 문제에서도 경제적 우선순위는 비슷하게 작용한다.

몸이 힘들어도 출근해야 하는 상황이 많고, 기업에서는 병가를 썼다가 자리를 잃을까 봐 두려워한다.
중병이 아닌 이상 돈을 벌어야 하기에 몸을 혹사하는 일이 다반사다. 하지만 건강을 잃으면 돈을 벌 수 없다.

환경이 무너지면 경제도 무너진다.

1972년 로마클럽(Club of Rome)에서 발표한 연구 보고서 성장의 한계(The Limits to Growth)는 "환경이 무너지면 경제도 망가진다"는 강력한 메시지를 전했다.

THE LIMITS TO GROWTH

유엔환경계획(UNEP)은 2008년에 환경비용이 GDP의 11%에 이르며, 2050년에는 18%에 달할 수 있다고 경고했다.

환경영향	환경 관련 예상 비용		GDP 대비 비율	
	2008년	2050년	2008년	2050년
온실가스 배출	6조 5960억 달러 (약 9000조원)	28조 6150달러 (약 4경)	11%	18%
수자원 사용				
오염				
폐기물				
자원소모				

이는 환경문제가 지속할 경우 전 세계적으로 막대한 경제적 손실을 초래할 수 있음을 의미한다.

해결 과정에서도 부딪치는 경제적 현실

환경과 건강 문제는 해결 과정에서도 경제적 제약에 부딪힌다.
건강 문제는 치료를 위해 돈이 필요하지만, 비용 부담으로 인해 치료를 포기하기도 한다.
환경 문제 역시 예산 부족을 핑계로 우선순위에서 밀리기 일쑤다. 기업에서는 환경 관련 예산을 줄이는 것을 비용 절감이라고 포장하기도 한다.

돈이 없으면 환경도, 건강도 지켜 낼 수 없다.
저개발 국가에서 환경문제가 더 심각하고, 저소득층은 생활 환경이 열악해 질병과 사고의 위험이 커진다.

경제와 환경의 관계: 환경 쿠즈네츠 곡선

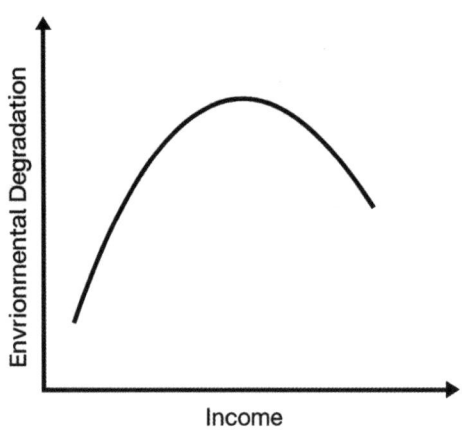

경제와 환경의 관계를 설명할 때 흔히 환경 쿠즈네츠(Kuznets) 곡선이 언급된다.

⇒ 쿠즈네츠 곡선: 경제 발전에 따라 소득 불평등이 증가하다가, 일정 수준을 넘으면 완화된다는 이론으로 쿠즈네츠는 이 연구로 1971년 노벨경제학상을 받았다. 이를 환경에 적용한 것이 환경 쿠즈네츠 곡선이다.

⇒ 환경 쿠즈네츠 곡선: 경제가 발전하면 초기에는 환경오염이 심해지지만, 경제적 여유가 생기면서 환경을 개선하려는 노력도 증가한다는 주장이다.

하지만 이 이론은 모든 환경 문제에 일률적으로 적용되기 어렵다. 대표적으로, 기후변화의 주범인 온실가스 배출량은 국민소득이 증가해도 꾸준히 증가하는 경향을 보이고 있다.

돈과 환경의 상생: 새로운 접근이 필요하다.
결론적으로, 환경이 무너지면 경제도 흔들리지만, 역설적이게도 돈이 있어야 환경문제의 해결 방안을 찾을 수 있다. 따라서 돈과 환경의 상생을 위한 방법을 찾아야 한다.
환경 개선이 단순히 비용 부담이 아니라, 비용 절감과 새로운 비즈니스 기회로 연결될 수 있도록 접근해야 한다.
예를 들어,

⇒ 에너지 효율화 투자는 장기적으로 비용을 줄여 준다.
⇒ 친환경 제품 개발은 새로운 시장을 열 수 있다.
⇒ 지속 가능한 사업 모델은 투자자와 소비자의 신뢰를 높여 경제적 성과를 창출할 수 있다.

이제는 환경을 비용이 아닌 미래를 위한 투자로 바라봐야 한다. 환경과 경제가 상생할 수 있는 지속 가능한 해법을 찾아야 할 때다.

(5) 평상시에는 잊고 있지만, 늘 우리 곁에 있다

환경과 건강 둘 다 평상시에는 잊고 살지만, 사실은 항상 우리 곁에 존재한다. 일상에 스며들어 있어 당연하게 느껴지다 보니, 오히려 관심을 받지 못하는 역설이 생긴다.

문제가 생겨야 비로소 관심이 생긴다.
환경과 건강에 대한 관심은 대개 문제가 발생했을 때 비로소 떠오른다.

⇒ 환경문제: 평소에는 무심코 지내다가도, 초미세먼지 예보에서 '매우 나쁨'을 본 후에야 불안해진다. 폐기물 수거 대란이 일어나야 쓰레기 문제의 심각성을 실감한다.
⇒ 건강 문제: 건강검진 결과에서 '주의'나 '이상 소견'을 받아야 "술을 줄여야겠다", "운동을 시작해야겠다"는 다짐을 한다. 평소에도 건강이 중요하다는 사실을 알지만, 구체적인 위협이 눈앞에 닥쳐야만 행동으로 이어진다.

환경과 건강은 '해결'의 대상이 아니다.
현실을 고려하면, 환경문제는 완벽하게 해결할 수 있는 성질의 것이 아니다.

건강처럼 일상의 일부로 받아들여야 한다.

감기나 독감 예방을 위해 평소에 손을 씻고, 면역력을 관리하는 것처럼, 환경문제도 일상 속 실천을 통해 꾸준히 관리해야 한다.

건강을 갑작스럽게 개선할 수 없듯이, 환경문제도 하루아침에 해결되지 않는다.

오히려 환경과 함께 어떻게 슬기롭게 살아갈지에 초점을 맞춰야 한다.

환경문제와 함께 살아가는 법을 찾아야 한다.

환경문제는 우리 삶과 떼려야 뗄 수 없는 관계다.

매일 숨 쉬는 공기, 마시는 물, 사용하는 자원 모두 환경과 직결되어 있다.

따라서 우리는 환경을 '문제가 발생했을 때만 해결해야 하는 대상'이 아닌, 늘 함께 존재하는 삶의 요소로 인식해야 한다.

일회용품 사용을 줄이거나, 분리수거를 생활화하고, 에너지를 절약하는 행동들이 일상 속에서 자연스럽게 자리 잡을 수 있도록 습관화해야 한다.

결국, 환경문제는 특별한 일이 아니라 지속 가능한 일상의 일부가 되어야 한다. 생활 속 실천이 모여 사회적 변화를 만들고, 그 변화는 결국 미래 세대에게 더 나은 환경을 물려주는 밑거름이 될 것이다.

(6) 마지막 단계가 되어서야 정신을 차린다

환경과 건강 모두, 사람들은 마지막 순간이 되어서야 그 중요성을 깨닫는다.

죽음을 앞두고 몰려오는 후회
건강을 잃어 죽음이 가까워지면 후회가 몰려온다. 그제야 "죽기 전에 해야 할 일"을 적기 시작한다. 사실 마지막 단계에 이르기 전에는 삶을 되돌아보기가 쉽지 않다. 대부분의 사람은 죽음을 생각해 본 적은 있어도, 실감한 적은 없다. 그래서 어떤 종류의 후회와 마무리가 찾아올지 예측하기 어렵다.

환경을 잃으면 인류는 멸망한다.
환경을 잃었을 때 인류가 맞이할 종말의 시나리오는 이미 역사 속에서 찾아볼 수 있다.
공룡은 인류가 지구에 나타나기 훨씬 전인 약 6,500만 년 전에 멸종했다.
일부 학자들은 조류가 공룡의 후손이라고 주장하지만, 공룡이 종말을 맞이한 것은 틀림없는 사실이다.
공룡 종말의 원인으로는 기후변화, 대기 변화, 질병 등이 언급되고 있는데, 결국 환경을 잃은 결과였다. 이는 인류에게도 충분히 적용될 수 있는 경고다.

인간에게도 사례가 있다.

이스터섬의 교훈: 자연 자원의 남용이 불러온 문명의 종말
칠레 영토의 태평양에 위치한 이스터섬은 환경 파괴로 인해 문명의 종말을 맞았다.
풍요로웠던 이 섬은 경쟁적으로 석상을 만들었다. 돌을 운반하기 위해 나무를 베어 사용했고, 나무가 사라지자 토양이 황폐해져 농산물 수확이 급감했다. 배를 만들지 못해 고기잡이도 줄어들면서 문명사회 자체가 주저앉게 되었다.
이스터섬의 사례는 환경을 지속 가능하게 관리하지 않으면 문명도 사라진다는 사실을 보여 준다.

환경 시계가 가리키는 시간: 멸망의 경고

지구 환경 위기 시계는 인류가 멸망을 향해 가고 있음을 시각적으로 보여 준다.

2024년 현재, 우리나라의 환경 시계는 9시 11분을 가리킨다. 세계 전체의 환경 시계는 9시 27분으로 더욱 불안한 상태다.

이 시계에서 12시는 멸망을 의미하며, 9시 이후는 매우 위험한 상황을 뜻한다.

환경 시계는 정확한 시간을 예측하는 도구는 아니지만, 환경문제의 심각성을 경고하는 중요한 상징이다.

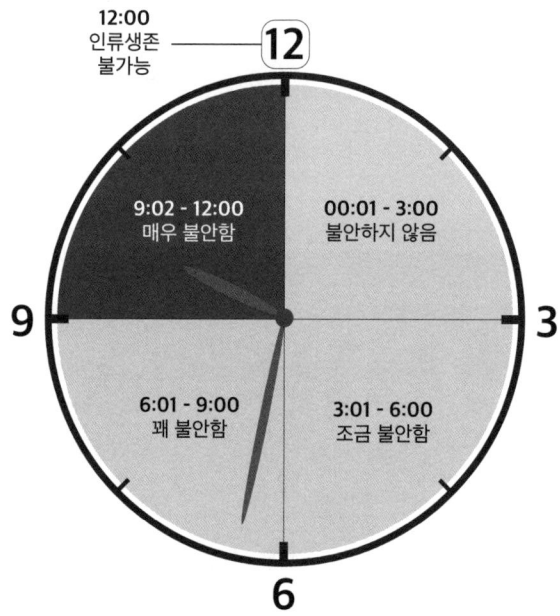

환경과 건강: 생명을 쥐고 있는 두 축

건강이 개인의 생명을 좌우하듯, 환경은 인류 전체의 생존을 결정한다.

사람들은 주로 암이나 심장 질환으로 생명을 잃지만, 자살과 사고도 적지 않다.

비슷하게, 환경문제에서도 기후변화가 가장 큰 위협으로 인식되지만, 실제로는 핵 문제, 수질 오염, 생태계 파괴가 결정적인 영향을 미칠 수도 있다.

해결의 실마리는 '문화'에 있다.

1974년, 캐나다 보건부 장관이었던 마크 라론드(Marc Lalonde)는 보고서에서 개인의 건강 결정 요인을 다음과 같이 제시했다.

⇒ 유전적 요인: 20%
⇒ 환경적 요인: 20%
⇒ 보건의료 수준: 8%
⇒ 개인 생활 습관: 52%

라론드는 생활 습관이 건강에 가장 큰 영향을 미침에도 불구하고, 당시 대부분의 의료 자원이 치료 중심의 의료 서비스에 집중되어 국민 건강이 향상되지 못했다고 비판했다.

1978년, 이 보고서의 영향을 받아 세계보건기구(WHO)는 알마아타 선언(AlmaAta Declaration)을 통해 1차 보건의료(Primary Health Care, PHC) 개념을 공식적으로 채택했다.

이 선언은 "모든 사람에게 건강을(Health for All)"이라는 표제를 내세우며, 치료 중심의 기존 의료 시스템에서 벗어나 예방을 강조하는 새로운 접근법을 제시했다.

생활 습관의 중요성: 오도넬 박사의 연구

1999년, 마이클 P. 오도넬(Michael P. O'Donnell) 박사는 개인 건강의 결정 요인에서 생활 습관의 중요성을 다시 한번 강조했다. 오도넬 박사는 연구를 통해 선진국에서의 질병과 사망의 50% 이상이 잘못된 생활 습관에서 비롯된다고 밝혔다.

그뿐만 아니라, 개인의 생활 습관은 의료 비용 절감, 산업 생산성 향상, 그리고 사회적 이익 극대화에도 중요한 역할을 한다고 주장했다.

환경문제에도 적용되는 건강의 교훈

건강 결정 요인을 환경에 접목해 보면 다음과 같이 대응시킬 수 있다.

⇒ 유전 = 지구: 환경문제의 근본적인 자연적 요인

⇒ 환경 = 산업: 인간 활동과 산업 구조가 환경에 미치는 영향
⇒ 보건의료 = 환경기술: 환경문제를 해결할 수 있는 기술적 접근
⇒ 생활 습관 = 문화: 개인과 사회의 문화적 행동 양식

이를 통해 환경문제의 결정 요인은 다음과 같이 나타낼 수 있다.

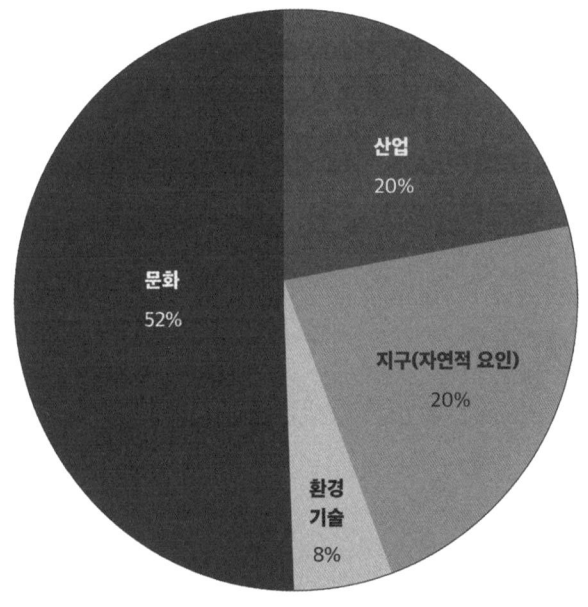

건강 결정 요인 비율을 환경 문제 해결을 위한 결정 비율에 접목한 것이 정확한 수치는 아니지만, 문화적 가치가 환경문제 해결에 결정적인 영향을 미친다는 점을 시사한다.

여기서 환경문제가 건강과 달리 넘어야 할 추가적인 장벽을 소개한다.

첫째, 노력이 성과로 돌아오는 것을 느끼기 어렵다. 개인은 잘못된 생활 습관이나 부적절한 관리로 건강이 나빠지면 자신이 책임을 진다. 하지만 환경문제는 그렇지 않다.

둘째, 개인이 할 수 있는 역할의 한계가 크다. 환경문제에서는 개인이 전체 가치 사슬의 마지막 단계이기 때문에 개인 노력의 영향이 미미하다. 예를 들어, 이미 과대 포장된 제품을 소비자가 아무리 분리수거해도 환경오염을 근본적으로 막을 수는 없다.

부정적인 상황을 인지하고 긍정적인 성과를 얻기 위한 도전

환경문제와 건강 문제 모두 마지막 단계에 이르러서야 깨닫는 후회를 피해야 한다.

우리가 죽음을 맞이할 때까지 생존을 포기할 수 없듯, 환경문제에서도 멸망의 시계가 자정을 가리키기 전에 실질적인 행동이 필요하다.

⇒ 문화적 변화를 통해 개인과 사회의 인식을 높이고,
⇒ 산업적 혁신을 통해 환경기술을 발전시키며,
⇒ 정책적 지원을 통해 환경 개선 노력이 성과로 돌아올 수 있는 시스템을 구축해야 한다.

궁극적으로, **환경문제를 해결 가능한 도전 과제로 받아들여야 한다.** 이를 통해 인류는 지속 가능한 미래를 만들어 갈 수 있을 것이다.

2) 환경이 우리에게 중요한 진짜 이유

환경문제는 우리의 행복을 갉아먹고, 주머니를 가볍게 한다.
환경문제는 우리의 일상에 생각보다 더 큰 영향을 미치고 있다. 크게는 우리의 행복을 좀먹고, 작게는 우리 주머니에서 돈을 빼가고 있다.
그런데도 많은 사람이 환경 문제의 심각성을 직접 느끼지 못하는 것이 현실이다. 필자도 환경 분야에서 일하다 보니 구조적 차원에서나 알게 된 사실들이 많다.

◇ 환경과 행복의 관계: 세계행복보고서의 시사점

유엔 산하 자문 기구인 지속 가능 발전 해법 네트워크(SDSN, Sustainable Development Solutions Network)는 매년 **세계행복보고서(World Happiness Report)**를 발표하고 있다.
2020년 보고서에서는 사회 및 환경 이슈가 개인 행복에 미치는 영향을 분석했는데, **환경 관련 항목들이 소득 및 건강과 긴밀하게 연결되고 있음을 보여 주고 있다.**

⇒ 환경 항목: 식량과 농업, 건강한 물, 청정에너지, 안전한 도시

와 주거지, 지속 가능한 소비와 생산, 기후변화 대응, 육상 및 해양 생태계 보전

⇒ 6개 행복 요소(Determinants of six well-being): 수입(돈), 사회적 지원, 가치 추구, 선택의 자유, 정부 신뢰, 건강

⇒ 환경 항목은 6개 행복 요소 중 수입(돈)과 건강에 영향을 미치는 것으로 분석

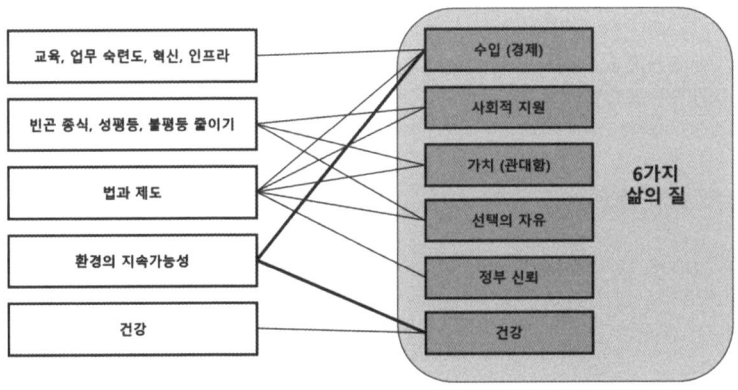

이 분석은 UN SDGs 지속 가능성 지표에 대한 국가별 데이터와 개인 행복 설문 결과를 바탕으로 수행되었으며, **인류의 지속 가능성과 개인 행복의 상관관계를 쉽게 이해할 수 있도록 설명하고 있다.**

◇ 환경과 건강(Health)의 관계

환경 관련 항목의 성과가 좋으면 건강 수준도 양호해지는 것으로 나타났다. 세계보건기구(WHO)는 2004년에 102개의 주요 질환 중 85개가 환경적 위험 인자 노출과 관련이 있으며, 환경적 원인은 질병으로 인한 건강 손실에 24%, 사망률에는 23%의 영향을 미친다고 밝힌 바 있다. 특정 질환에 미치는 환경 영향은 다음 그림과 같다.

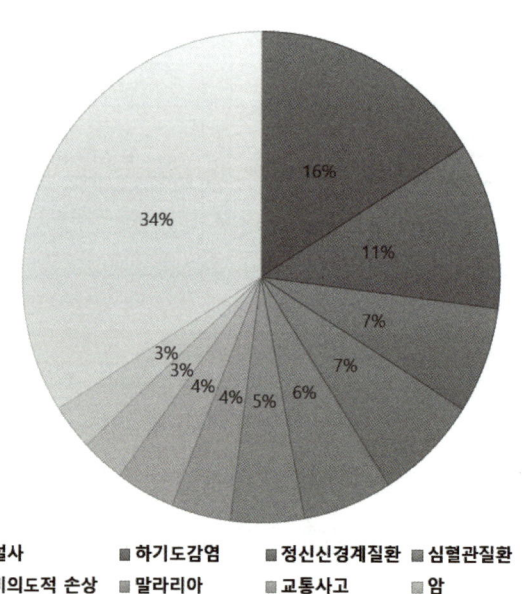

◇ 미세먼지가 건강에 미치는 영향

대기 중 미세먼지가 건강에 미치는 영향은 매우 다양한데 호흡기, 심혈관, 내분비, 신경정신질환, 피부, 어린이와 태아 등 종합 병원이라 불려도 무방할 정도로 미세먼지는 거의 모든 질병과 관련되어 있다. (이승복, 미세먼지가 인체에 미치는 영향에 관한 연구 동향, 2019)

(1) 호흡기 질환

미국 유타대 연구팀은 기준치 충족 여부와 관계없이 PM2.5의 하루 평균 농도가 10㎍/㎥ 증가할 때마다 1~4주 후 발생하는 급성 하기도감염 환자 수가 15~32% 늘어난다고 보고하였다.

(2) 심혈관 질환

유럽의 대기오염에 따른 조기 사망자는 79만 명에 달하며, 이 중 40~80%가 호흡기가 아닌 심장마비나 뇌졸중 등 심혈관계 질환으로 숨진 것으로 분석되었다.

PM2.5의 농도가 10㎍/㎥ 증가할 때마다 급성관상동맥증후군(불안정 협심증, 심근경색)이 4.5% 정도 증가하였다.

(3) 내분비질환

중국 상하이 푸단대학 연구팀의 보고에 따르면, 필터로 거르지 않은 오염된 공기에 노출된 실험군에서 스트레스 호르몬인 코르티솔과 코르티손, 에피네프린, 노르에피네프린 등이 더 높게 검출되었다. 미세먼지가 성호르몬 조절에도 영향을 줄 수 있다는 연구 결과도 보고되었는데, PM2.5에 노출된 정도가 높을수록 정상적인 모습의 정자가 적게 관찰되었다.

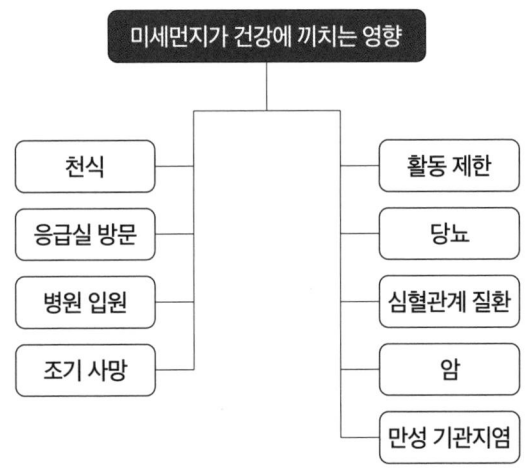

(4) 신경정신질환

대만에서 10년 동안 시행한 지역사회기반 연구에서 PM2.5의 농도가 4.34㎍/㎥ 증가할 때 알츠하이머 발병 위험도가 138% 증가한다고 보고되었다.

PM2.5 농도가 높아짐에 따라 우울증과 조현병 등 정신질환 악화에 따른 응급 입원 위험도 증가한다고 보고되었다.

미세먼지(PM10)가 자살 위험을 최대 4배까지 높인다는 보고가 있다.

(5) 피부

미세먼지가 장벽이 손상된 피부를 통해 진피층 안으로 침투해 염증을 유발한다는 것이 실험을 통해 밝혀졌다.

(6) 어린이와 태아

WHO에서 발표한 '대기오염과 어린이 건강'이란 보고서에 따르면, 세계적으로 5세 미만 어린이 사망 원인 중 2위가 대기오염에 의한 급성 하기도 감염이었다.

미세먼지는 주의력결핍 과잉행동장애 ADHD와 같은 정신과 질환에도 영향을 미치는데, 스웨덴 연구팀은 미세먼지가 $10 \mu g/m^3$ 증가하면 아동의 정신질환이 4% 증가한다고 밝혔다.

초미세먼지의 경우 산모의 폐를 통해 체내에 들어와 태반을 지나 태아에게까지 이동할 수 있으며, 이에 따라 조산, 저체중아 출산의 위험이 커질 수 있다.

◇ 화학물질의 인체 영향

우리는 일상생활 속에서 수많은 화학물질에 노출되고 있다. 이러한 물질은 호흡으로 마시거나, 입으로 먹거나 피부 접촉을 통해서도 몸속으로 들어온다.

위생용품인 치약에도 살균제, 방부제와 같은 화학물질이 포함되어 있으며, 사용이 점차 증가하고 있는 반려동물 용품에도 가습기 살균제 사건을 일으켰던 CMIT, MIT와 같은 살균보존제가 들어 있는 경우가 있다.

유해한 영향을 미치는 화학물질의 종류가 많다 보니 인체에 미치는 영향도 매우 다양하다. 유해 화학물질의 독성은 일반적으로 눈 손상과 피부 자극을 유발하며 간, 신장 등 각종 장기의 기능을 손상하고 근육과 관절을 약화시킨다고 보고된다. 또한, 암과 돌연변이의 원인 물질이며, 뇌와 신경계에 문제를 일으키고 불임과 같은 내분비질환에도 영향을 미친다.

주요 유해 화학물질과 인체에 미치는 영향 그리고 그러한 유해 화학물질이 포함될 수 있는 제품들을 정리해 보았다.

주요 유해 화학물질	인체 영향	관련 제품
납, 수은, 카드뮴 등 중금속	내분비계 장애, 성장 부진, 행동 장애, 신장 독성, 신경계 장애, 발암성, 우울증 등	장난감, 의류, 화장품, 페인트, 어류, 가전제품, 쥬얼리 등
벤젠, 톨루엔 등 휘발성유기화합물	두통, 피로, 백혈병 등 발암성, 피부 질환 등	건축자재, 프린터, 방향제, 여성용품, 페인트, 접착제 등
포름 알데히드	두통, 피로, 발암성, 피부 질환, 알레르기 유발 등	여성용품, 방향제, 벽지, 의류, 페인트, 가구 등
프탈레이트	내분비계 장애, 발암성 등	장난감, 학용품, 여성용품, 화장품, 벽지, 장판 등 플라스틱 생활용품 등
비스페놀 A	행동 장애, 인지 기능 저하, 내분비계 장애 등	플라스틱 포장 용기, 영수증 등
합성 계면활성제	발암성, 피부 자극, 알레르기 유발 등	세제, 샴푸 등 위생용품
살균, 항균 물질	인체 독성, 신경계 장애 등	살충제, 세정제, 세제 등
알레르기 유발 물질	알레르기 유발, 2차 반응으로 발암성 등 추가 위험 가능	어린이 용품, 화장품, 의류, 세제류, 식품 등

◇ 기후변화의 심각성

현재 가장 주목받고 있는 환경문제인 기후변화는 어떤 건강 문제를 일으키고 있을까?
세계보건기구는 지구온난화가 피부암, 설사 질환, 감염병, 호흡기

질환, 폭염으로 인한 사망 등으로 이어진다고 경고한다.

⇒ 2003년 유럽 150년 만의 폭염으로 약 3만 5천 명 사망.
⇒ 2015년 인도와 파키스탄은 폭염으로 4천여 명 사망.

지구온난화는 자연재해로 인한 인명과 재산 피해도 크게 늘리고 있다.

⇒ 2007년 7월 동아시아 지역 대규모 홍수로 중국에 약 7천만 명의 이재민 발생.
⇒ 2011년 브라질 홍수와 산사태로 500여 명 사망.
⇒ 2017년 미국 허리케인 하비(Harvey)로 인해 인명 피해 80여 명, 재산 피해는 300조 원.
⇒ 2019~2020년 호주 산불로 34명이 사망했으며, 10억 마리 이상의 야생 동물들이 사망했고 80조 원 이상의 재산 피해 발생.
⇒ 2022년 8월 집중호우로 강남 도시 침수 피해로 14명이 사망하고 2명이 실종되었고, 태풍 힌남노로 포항 냉천이 범람하여 10명이 사망하고 2명이 실종.

유엔 산하 재난위험경감사무국(UNDRR)은 '2000~2019년 세계 재해 보고서'를 통해, 이전 20년(1980~1999년)에 비해 자연재해가 2배 증가했다고 밝혔다.

2000~2019년 동안 전 세계에서 7,348건의 자연재해가 발생해 40여억 명이 피해를 당했으며 3,400여조 원의 재산 피해가 발생했다. 1980~1999년 동안 발생한 재해는 4,212건이었다.

기온 상승은 새로운 질병의 출현과 열대성 질병의 확산을 초래하여 의료 비용을 증가시키고 경제적 손실을 가중시킨다.
2020년부터 전 세계에 심각한 타격을 주고 있는 코로나-19 역시 지구온난화와 무관하지 않다.
IPCC는 지난 2007년부터 지구온난화로 인해 곤충, 설치류 등에서 비롯된 감염병이 확산할 가능성을 경고한 바 있으며, 29개국 48개 연구소의 바이러스 전문 학자들 모임인 **세계바이러스 네트워크(Global virus network)는** "기후변화와 세계화는 바이러스의 여권"이라고 명명했다.

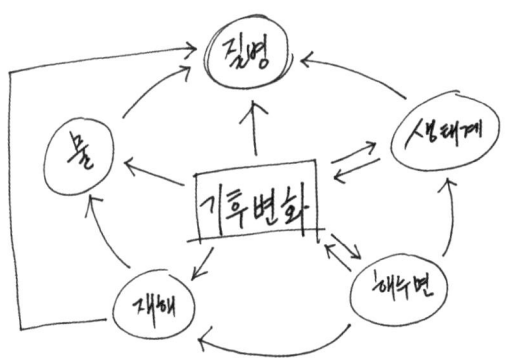

◇ 환경과 돈

앞에서 살펴본 건강 문제는 치료비와 같은 의료 비용 지출뿐만 아니라, 수입을 감소시키며 전반적으로 삶의 질을 떨어뜨린다.

⇒ 미세먼지로 인한 경제적 비용은 4조 230억 원에 달하며, 이는 국내총생산(GDP)의 0.2%에 해당한다. (미세먼지가 인체에 미치는 영향에 관한 연구 동향)

⇒ PM10 미세먼지 농도가 월평균 1% 증가할 때마다 호흡기 환자가 260만 명가량 증가하고, 이로 인해 매년 600억 원 이상의 추가 의료비가 발생한다. (미세먼지로 인한 호흡기 질환 발생의 사회경제적 손실가치 분석)

⇒ 농작물과 가축이 손해를 입으면, 농가뿐만 아니라 소비자들도 비싸진 식료품을 구매하는 비용이 증가한다.

⇒ 식품 가격 상승은 가난한 지역사회에 영양 결핍과 여러 건강 관련 문제를 일으키며, 빈곤의 악순환에 빠지게 한다. 중산층도 식료품비 비중인 엥겔 지수가 높아져 문화생활이 위축되는 등 삶의 질이 나빠진다.

⇒ 호주 기후학회(The Climate Institute)의 연구에 따르면, 기후변화로 2050년까지 전 세계 커피 재배지 절반이 사라질 수 있으며 전 세계 커피 재배지 중 80~90%가 기후변화 리스크에 노

출되어 있다.
⇒ 수돗물에 대한 신뢰 부족으로 정수기를 사용하거나 생수를 사서 마시는 것도 돈이다.
⇒ 기업은 녹조 발생 시 산업용수 처리 비용이 추가로 발생한다.

국가가 환경 때문에 지불하는 비용은 오염 물질을 처리하거나 환경 시설을 운영하는 비용뿐만 아니라, 의료 비용 및 환경 시설과 관련된 지역 주민과의 소통 비용 등 복잡하고 다양하다. 이 비용의 규모는 기업의 환경오염 외부화 비용으로 추산해 볼 수 있는데, 2008년 전 세계 3,000개 기업의 외부와 비용은 2,600조 원으로 계산되었다. (UNEP FI & PRI)

국가의 환경비용은 국민의 세금 부담과 다른 정책을 통해 받을 수 있는 혜택 감소로 이어질 수 있다.

환경 이슈는 산업계에도 직간접적으로 영향을 미친다.
환경문제는 다양한 형태의 기업 손실 요인이 되고, 나아가 임직원 개인 수입과도 연결된다. 환경 이슈가 사업에 미치는 영향을 간단히 정리해 보았다.

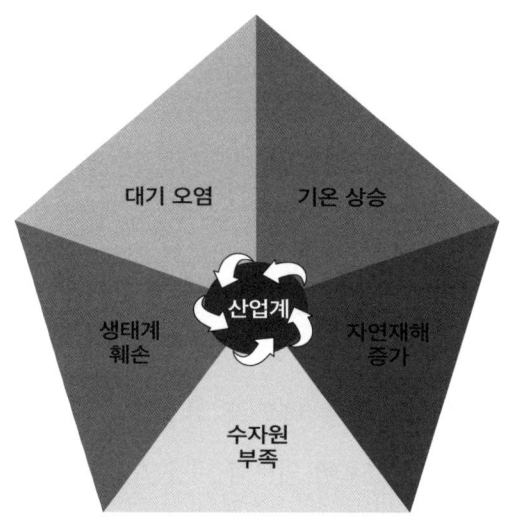

- 기온 상승: 하절기 생산성 저하, 계절 상품 유형 및 수요 변화, 새로운 질병 증가
- 자연 재해 증가: 물류/유통 체계에 문제 발생, 시설 피해 및 이에 따른 복구/보상 증가, 정밀한 예보/예방 역량 요구
- 수자원 부족: 공업 용수 확보 어려움, 용수 관련 민원 증가, 물 절약 기술 수요 확대
- 생태계 훼손: 천연 원료 수급 불안정성 증가, 새로운 질병 발생, 생태계 복원 비용과 전문성 요구
- 대기 오염: 대기 관련 민원 증가, 대기 오염 저감 기술 수요 확대, 청정 대체 물질 개발 필요성 대두

다양한 환경문제는 크고 작은 질병을 일으키고 있으며, 우리의 주머니에서 돈을 가져가고 있다. 환경문제의 원인으로 지목할 수 있는 공정하지 못한 환경오염의 가해와 피해의 구조까지 고려한다면, 개인뿐만 아니라 사회의 행복을 갉아먹고 있는 것이다.

환경문제를 해결하는 것은 단순히 자연을 보호하는 것 이상이다. 이는 우리 자신의 건강을 지키고, 경제적 부담을 줄이며, 사회적 행복을 증진하는 일이다.

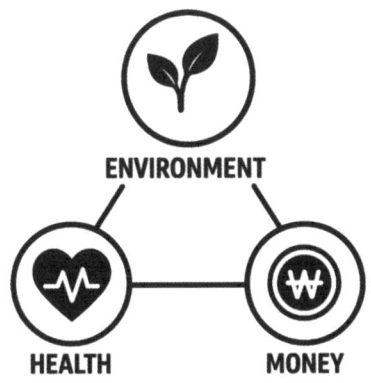

3) 우리가 놓친 환경문제의 결정적 원인

대다수 책이나 연구 자료는 환경문제의 주요 원인으로 산업 발전에 따른 대량 생산과 소비를 지적한다.

⇒ 현재 인류가 당면한 환경문제는 18세기 산업 혁명을 계기로 급속히 진행된 산업화 과정에서 발생한 범지구적 과제라 할 수 있다.

⇒ 과학 기술 발전에 뒤따른 공업화, 자원과 에너지의 과잉 소비, 인간의 쾌적한 환경을 추구하는 개발 사업 등의 욕구가 환경문제를 가져오게 된 것이다.

이러한 문제 제기는 정확하다. 하지만 환경문제는 문제로 인식된 이후 개선 노력이 강화되는 과정에서도 지속적으로 악화되고 있다. 여기에 또 다른 원인이 숨어 있다.

⇒ 2019년 3월 **유엔 환경 계획(UNEP**, UN Environment Programme)은 지속 가능 발전 목표(UN SDGs, Sustainable Development Goals)의 93개 환경 관련 지표를 분석한 결과 23%만이 긍정적

으로 나타났으며, 77%는 그렇지 못하다고 발표했다.

⇒ 긍정적인 23%에는 정책, 투자 부분과 재난, 식품 안전, 재생 에너지 및 에너지 집약도, 생태계 보호 등이 해당되었다.

⇒ 부정적인 77%에서 가장 대표적으로 나쁜 결과를 보이는 것은 자원 소모 부분이었다. 이 외에 멸종위기종, 수계 및 대기오염, 폐기물과 재활용 분야에서 부정적 결과를 보이거나 데이터가 부족하여 긍정적으로 판단할 수 없다고 보고되었다.

환경오염이 인류의 지속 가능성을 위협하고 있는 지금, 이 문제를 해결하기 위해서는 원인에 대한 새로운 접근이 필요하다.

⇒ 환경문제들의 직접 원인은 인간 활동 그 자체이다. 의, 식, 주와 같은 일상생활, 생산 및 소비와 직접 관련된 다양한 산업 활동이 모두 포함된다.

기후변화의 원인

배출 활동	전 세계	우리나라
산업 (철강, 석유화학, 시멘트, 식품, 제지 등)	34% (에너지 소비 80%, 산업 공정 20%)	54% (에너지 소비 86%, 산업 공정 14%)
수송 (도로, 철도, 항공, 해운)	18% (도로 73%)	15% (도로 96%)
건물 (주거, 상업과 공공)	20% (가정 62%, 상업과 공공 38%)	24% (에너지 소비 77%, 직접 배출 23%), (가정 64%, 상업과 공공 36%)
폐기물(폐수 포함)	5%	3%
농축수산	23%	4%

⇒ 기후변화의 원인은 산업 활동이 1위로 나타났으나, 내면을 살펴보면 산업 활동의 에너지 소비가 핵심이다. 건물 부문에서도 에너지 소비의 비중이 결정적이다. 에너지 소비는 바로 인간 활동이다.

⇒ 대기오염의 주원인은 차량과 건설기계, 그리고 제조 사업장이다. 하지만 배경을 살펴보면 운송 및 산업과 같은 인간의 활동이 원인을 제공하고 있다.

대기오염의 원인

주요 원인 물질	직접 원인		간접 원인
	미세먼지 배출 원인	인간의 활동	
질산염	자동차 배기 가스 2차 반응 등	운송 및 이동, 산업 활동 등	대기 정체, 도시화, 도로 중심의 운송 시스템, 중소기업 대기오염 관리 시스템 등
황산염	화석연료 연소, 자동차 배기 가스 2차 반응 등	운송 및 이동, 냉난방, 산업 활동 등	
먼지류	자동차 배기 가스, 건설 과정, 산업 공정 배출, 쓰레기 소각, 굽는 요리, 자동차 운행 과정 등	운송 및 이동, 건설 산업, 산업 활동, 쓰레기 배출, 요리 등	
황사	벌목, 온난화, 주변국 영향 등	개발, 온난화 관련 활동 등	

⇒ 일상생활에서 사용되는 다양한 제품들에 유해 화학물질이 들어가게 된 이유는 사실 단순하다. 특정 기능의 수행이 가능하고, 저렴한 가격으로 적절한 성능을 유지할 수 있기 때문이다. 지능과 성장 저하를 유발하는 납은 부식을 막아 주고 페인트 색상을 잘 내 준다. 인지기능과 내분비계 장애를 가져오는 비스페놀A는 우수한 코팅제이며, 발암성 물질인 프탈레이트는 플라스틱을 부드럽게 해 가공성을 높인다.

⇒ 폐기물 발생의 핵심 원인은 인구 증가와 경제 성장으로 인한 소

비 증가이다. 여기에 기업들의 제품 개발과 판매 전략도 영향을 미친다. 포장 쓰레기는 편리함을 추구할수록, 개인주의적 생활방식이 강화될수록 증가할 수밖에 없다.

종류	주요 항목	직접 원인	간접 원인
일반 폐기물	폐 가전, 폐 의류, 폐 가구 등	수명, 고장, 신제품 구매, 정리 등	경제 성장, 중산층 증가, 제품 개발과 판매 전략, 개인주의적 생활 방식 증가 등
포장 쓰레기	폐 플라스틱, 폐지, 공병, 폐캔 등	상품 구매 및 사용, 개별 포장, 과대 포장 등	
일회용 포장 쓰레기	폐 플라스틱, 폐지 등	택배, 음식 배달 주문 등	위생 중시, 주문 기술 발달 등
음식물 쓰레기	잔반, 보관 폐기, 유통 및 조리 과정 쓰레기 등	남김, 관리 미흡, 재료 손질 등	상차림 식문화, 외식 증가 등

이러한 일상생활과 산업 활동이 환경에 미치는 영향이 증폭되는 이유는 경제 시스템과 '잘 사는 기준'에 대한 사회적 인식이 결정적인 역할을 하기 때문이다.

발전 중심의 경제 정책, 단기 이익 극대화를 추구하는 기업 경영, 생산성 위주의 운영 방식, 성능과 가격에만 초점을 맞춘 연구개발, 그리고 물질적 개인주의 생활방식과 고급스러워지는 식생활 등이 이에 해당한다.

◇ 환경영향방정식(Environmental Impact Equation)

폴 에를리히(Paul R. Ehrlich)와 그의 아내인 앤 에를리히(Anne H. Ehrlich)는 미국 생물학자로서 인구 증가와 지구의 제한된 자원에 관심이 많았다.

그들은 환경 영향(Environmental Impact)이 인구(Population), 풍요(Affluence), 기술(Technology)이 야기한 것이라고 설명하면서 환경영향방정식을 만들었다.

환경 영향(EI) = 인구(P) × 풍요(A) × 기술(T)

⇒ 인구, 즉 사람의 숫자는 환경에 영향을 미치는 의, 식, 주의 일상생활을 의미한다.

⇒ 풍요, 모든 사람은 잘 살고자 하는 개인적 욕구가 있다. 자본주의 중심의 현대 사회에서 잘 산다는 기준은 물질적 풍요에 맞춰져 있다. 경제 수준이 향상될수록 더 많은 물질적 풍요를 누리고 싶어 하게 되는데, 이 욕망은 발전 중심의 경제 정책을 낳고 기업들이 단기 이익 극대화를 추구하도록 만든다.

⇒ 기술, 기업의 단기 이익 극대화 추구는 소비자들의 욕구를 자극하기 위하여, 새로운 성능과 저렴한 가격의 제품 개발로 이어지고, 이렇게 만들어진 기술은 다시 물질적 풍요를 자극하는

순환 고리를 형성한다.

환경문제가 경제적 가치에 영향을 미치면, 관련 기술의 혁신으로 가격 안정을 꾀할 수 있다.
가격 안정이 환경문제가 적정하게 관리되고 있음을 의미한다는 주장이 있었다.

1980년 폴 에를리히는 줄리언 사이먼(Julian Simon) 메릴랜드대 경제학과 교수와 내기를 했다.
고갈이 우려되는 5개의 천연자원인 구리, 크롬, 니켈, 주석, 텅스텐의 가격 전망에 대해, 10년 뒤 가격이 오르면 폴이, 내려가면 사이먼 교수가 이기는 게임이었는데 결과는 폴이 졌다.
폴은 자원의 수요가 늘어나면 자원 고갈의 측면에서 가격이 오를 것이라고 예상했지만, 가격이 올라가니 새로운 자원 채굴 기술을 발전시켜 장기적으로는 가격이 내려간 것이다.
이 경우 자원고갈이라는 환경문제에 대한 기술적 해결 방안을 찾아내었지만, 이 기술이 전반적으로 환경 관련 리스크를 줄였다고 보기는 어렵다. 새로운 채굴 과정이 어떤 환경문제를 야기할지 모르기 때문이다.

하지만, 내기 대상이었던 유한한 자원과 직접 관련된 문제는 줄었을 수 있으므로, 기술은 환경 영향에 부정적인 면과 긍정적인 면을 모두 가질 수 있다고 해석할 수 있다.

◇ 새로운 환경영향방정식: 기술을 배제하고 풍요를 구체화하다

개인의 풍요는 물질 중심의 잘 사는 기준 속에서, 잘 살고자 하는 욕구로 인해 환경에 부정적 영향을 미치는 방식으로 작동한다.
반면에 기술은 환경이 경제적 가치를 가지게 됨에 따라 환경에 긍정적으로도 부정적으로도 작동할 수 있다.
이에 따라 기술을 빼고, 풍요를 구체화하여 다음과 같이 환경영향방정식을 변화시켜 본다.

환경 영향 = 인구(P) × 잘 살고자 하는 개인의 욕구(D, Desire) × 물질 중심의 잘 사는 기준(M, Material Standard)

⇒ 잘 살고자 하는 개인적 욕구는 인간의 DNA에 깊이 새겨진 본능이며 발전의 원동력이라고 볼 수 있다. 꿈, 목표, 비전 등으로 표현된다.
⇒ 잘 산다는 것은 기본적으로 경제적 관점이지만, 철학적, 사회학적 관점에서 다룰 수도 있다. 철학적 차원에서 잘 산다는 것을 이야기할 때 행복, 만족, 가치 등의 용어가 주로 사용된다.

하지만 환경에 직접 영향을 미치는 기준은 현실적인 경제적 관점, 즉 물질 중심의 잘 사는 기준이다.

모든 사람은 경제적으로 잘 살고 싶어 한다. 다 같이 잘 살면 좋겠지만, 현실은 그렇지 못하다. 객관적인 경제 수준의 차이가 있다. 그런데 이 객관적이라는 것이 상대적 비교를 바탕으로 한다는 점이 문제다.

◇ 상대적 비교와 과시적 소비의 함정

사회학자이자 경제학자인 소스타인 베블런(Thorstein Bunde Veblen)은 비교 기반의 잘 산다는 개념을 사회적 풍요, 즉 "과시적 소비"라고 설명한다.

베블런은 대표적인 저서 유한계급론(The Theory of the Leisure Class, 1899년)에서 과시적 소비를 자신의 부를 과시하기 위해 의식적으로 행하는 소비라고 정의하면서, 사회계급과 소비의 상관관계를 설명했다.

과시적 소비는 우리 사회 모든 계층에 존재하며, 심지어 빈곤 계층에서도 나타난다. 일반적으로 경제 수준이 높아지면 소비가 과시적으로 흘러가는 경향을 보인다. 명품은 과시적 소비를 부추기는 광고와 마케팅 전략을 구사한다.

발달하고 있는 SNS는 여행, 취미, 상품, 음식 등에서 과시적 소비를 자극한다. 과시는 인간의 이기심에서 비롯된다.

◇ 이기심이 환경문제 해결을 위해 작동하지 않는 이유

여기서 한 가지 의문이 생긴다. 앞 장에서 환경문제가 개인의 건강과 돈에 부정적인 영향을 미친다는 사실을 설명했다. 다시 말해, 환경문제를 줄이는 것이 건강과 돈에 이익이 된다는 뜻이 된다.

이기심이란 것이 자신의 이익을 탐하는 것이니 환경문제 해결을 위한 노력이 자연스러울 것인데, 왜 그렇지 못할까? 환경 정책을 만들려고 하면 산업계에서 반대의 목소리를 높이고, 심지어 시민들조차 "경제가 어려운데"라면서 못 본 척한다.

이유가 무엇일까? **도대체 환경문제 해결에 이기심이 작동하지 않는 이유가 무엇일까?**

그것은 환경문제를 줄여 나가는 것이 개인의 이익으로 직접 연결되지 않기 때문이다.

왜 환경문제를 줄여 나가는 것이 개인의 이익이 되지 못하는 것일까?

환경문제에 있어 가해자와 피해자가 다르기 때문이다. 환경문제를 주로 일으키는 가해자와 환경문제로 인해 고통받는 피해자의 구조가 공정하지 않다.

◇ 불공정의 현실

⇒ 폴 호켄의 저서 《비즈니스 생태학》에 따르면, 인간은 끊임없이 지구에서 자원을 쥐어짜고 있지만, 그 분배는 너무 불공평하다. 선진국에 사는 상위 20%의 인구가 전 세계 자원의 80% 이상을 사용하고 있다.

⇒ 국제 구호개발기구 옥스팜과 스웨덴 스톡홀름환경연구소가 발표한 보고서에 따르면, 지난 25년간 전 세계에서 소득 최상위

인 1% 부유층이 배출한 탄소량은 하위 50%의 2배가 넘었다.

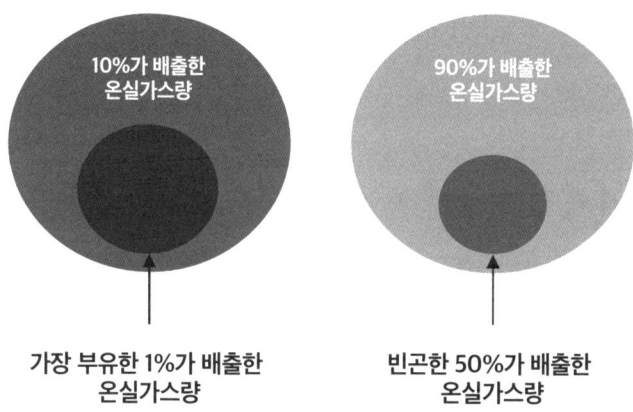

⇒ 미국 스탠퍼드대 연구진의 조사에 따르면, 1961년부터 2010년까지 지구 온난화가 진행되면서 1인당 이산화탄소 배출량 300t 이상인 14개 선진국의 1인당 GDP(국내총생산)는 평균 13% 이상 증가한 것으로 나타났다.

⇒ 부유한 사람들은 안전한 물과 건강 및 복지에 필요한 공공 서비스의 접근성이 우수한 지역에 거주한다. 반면, 빈곤한 사람들은 전염 및 기타 질병에 더 취약하고, 예방과 치료를 위한 자원이 부족한 지역에 거주한다. (Ecosystems and Human Well-being, 2005, WHO)

불공정이 이기심과 만나 환경문제의 주원인인 잘 살고자 하는 욕구가 잘못된 방향으로 움직이도록 왜곡하고 있다. 이것을 환경영향방정식에 접목해 표현해 보았다.

$$환경영향 = 인구 \times 이기심^{불공정} \times 물질중심의 잘사는기준$$

결론적으로, 환경 영향은 물질 중심의 가치 기준을 가진 사회에서, 잘 사고자 하는 개인의 욕구로 인해 발생한다.

잘 사고자 하는 개인의 욕구는 모든 사람이 가지고 있는 이기심이 바탕이 되는데, 환경 영향에 대한 구조적 불공정과 맞물려 불공정이 심해질수록 개인의 욕구가 환경 영향을 증폭시키는 방향으로 작동하고 있는 것이다.

정답 및 해설

1. C

A. **환경 보호는 법으로 정해져 있기 때문에**
→ 법은 환경 보호의 필요성과 중요성을 반영한 결과이지, 우리가 환경에 관심을 가져야 하는 근본적인 이유는 아니다.

B. **미래 세대가 중요하다고 하니까**
→ 미래 세대를 위한 책임도 중요하지만, **지금 이 순간**에도 환경 문제가 우리의 건강, 삶의 질, 경제에 직접적인 영향을 미치고 있다는 점이 더 시급한 이유다.

C. **환경오염은 이미 현재 우리의 건강과 생계에 영향을 미치고 있기 때문에**
→ 대기오염으로 인한 호흡기 질환, 기후변화로 인한 농작물 피해, 수질오염으로 인한 식수 문제 등 **환경 문제는 현재진행형**이다.

D. **환경운동이 유행이기 때문에**
→ 유행은 일시적이며, 행동의 지속성을 보장하지 못한다. 환경에 관심을 가져야 하는 이유로 적절하지 않다.

2. C

A. **기후변화 대응** : 전 세계적인 에너지 전환, 산업 구조 변화 등이 필요하기 때문에 개인 실천의 영향은 제한적이다. 물론 에너지 절약이나 채식 등 개인의 선택이 도움이 되지만 구조적 변화 없이는 큰 효과를 기대하기 어렵다.

B. **생물 다양성 보전** : 농업 방식, 도시 개발, 보호구역 지정 등 **정책과 산업 차원의 접근이 중심**이기 때문에, 개인이 영향을 미치기는 어렵다.

C. **자원순환 : 개인의 분리배출, 소비습관, 재사용 및 수리 실천** 등이 직접적인 영향을 줄 수 있는 분야다. 특히 구매 패턴은 기업의 생산 방식에도 영향을 준다.

D. **대기질 개선** : 공장, 발전소, 교통수단의 배출이 주요 원인이므로, 개인 차량 이용 감소 등 일부 영향은 있으나, 역시 **정책적 접근이 더 중요하다.**

3. C

A. **건강 개선**

→ 대기오염과 수질오염이 줄어들면 호흡기 질환, 심혈관계 질환, 피부병 등 건강 문제가 감소하여 **건강이 개선된다.**

B. **에너지 비용 절감**

→ 에너지 효율을 높이고 재생에너지 사용을 늘리면 **장기적으로**

에너지 비용이 절감된다.

C. 일자리 감소

→ 오히려 **환경 산업과 재생에너지 분야에서 새로운 일자리가 증가**하는 추세다. 따라서 **환경 보호는 일자리를 감소시키기보다는 전환시키는 것**에 가깝다.

D. 생물 다양성 회복

→ 자연 서식지를 보존하고 오염을 줄이면 **멸종 위기 생물의 복원과 생태계 균형 유지**에 도움이 된다.

3.
환경 이슈의 진짜 얼굴을 마주하다

기후위기의 실체를 제대로 인식하기 어려운 이유가 무엇인가?

① 기후위기가 점진적이고 추상적이기 때문에
② 불편한 진실을 회피하고 싶어서
③ 기업의 탄소중립 마케팅이 이해하기 어려워서
④ 정치 권력이 바뀔 때마다 정책이 달라져서

기후위기가 사실이라면 우리는 어떻게 해야 할까?

_____
_____
_____

1) 기후위기의 실체

현재 전 세계가 직면한 다양한 환경문제 중 가장 심각한 것은 단연 지구온난화다.

인간의 산업 활동은 온실가스 배출을 급격히 증가시켰고, 그 결과 온실효과가 강화되면서 지구의 온도는 빠르게 상승하고 있다.
이로 인해 열대성 질병이 확산되고, 자연재해가 빈번해지며, 생태계 전반에 심각한 이상이 발생하고 있다. 해수면 상승으로 인해 사라져 가는 섬나라, 투발루(Tuvalu) 같은 사례도 나타나고 있다.

◇ 기후가 결정해 온 인간의 삶

기후는 인간의 문화, 역사, 산업, 직업, 심지어 정치에까지 영향을 미쳐 왔다.

⇒ 추운 지방과 더운 지방은 집의 구조와 생활 방식이 다르게 발전해 왔으며, 사람들의 성격에도 차이를 만들어 냈다.

⇒ 프랑스의 정치사상가 몽테스키외(Montesquieu, 1689~1755)는 저서 법의 정신에서 "추운 지방 사람들은 감정에 둔감하지만, 따뜻한 지방 사람들은 개방적이고 쾌활하다"고 주장했다.

⇒ 역사 속에서도 기후의 영향은 명확하다. 로마제국 멸망의 시발점으로 평가받는 토이토부르크 숲 전투에서 게르만족은 폭우를 이용해 대승을 거두었고, 나폴레옹과 히틀러의 러시아 침공 실패 또한 러시아의 혹독한 겨울이 큰 역할을 했다. 러시아의 니콜라이 1세는 "러시아의 가장 믿을 만한 장군은 1월과 2월 장군"이라고 말하기도 했다.

⇒ 경제 또한 예외가 아니다. **세계 경제의 약 80%가 기후변화에 직간접적으로 영향을 받는다는 연구 결과(F. Schwarz, 2005)**가 있으며, 2003년 서울대와 삼성지구환경연구소의 발표에 따르면 국내에서 기후에 영향을 받는 산업 규모는 국내 총생산(GDP)의 52%에 이른다.

이처럼 중요한 기후가 변화하고 있으니, 인간의 모든 것이 영향을 받을 수밖에 없다.

더워지고 있는 방향도 문제지만, 더 큰 문제는 속도다.

속도가 적당하다면 인간과 자연이 적응할 수도 있겠지만, 너무 빠르다. 빨라도 너무 빠르다.
미국의 기후학자 마이클 만(Michael E. Mann) 교수가 제시한 하키스틱 곡선을 보면, 지난 1,000년간의 북반구 온도 변화가 최근 수십년간 급격히 상승했음을 알 수 있다.
(하키스틱을 닮았다고 하키스틱 곡선이라 부른다.)

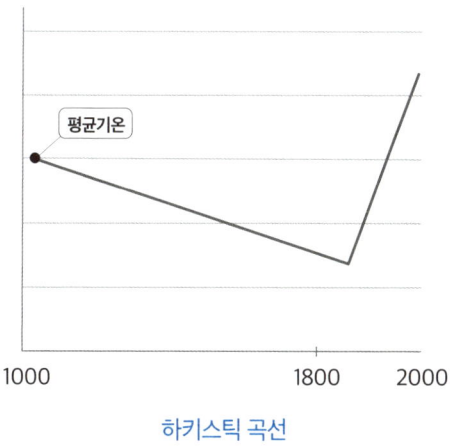

하키스틱 곡선

전 세계는 이러한 지구온난화가 인류의 생존에 결정적 위협이라는 것에 공감하고, 이를 해결하기 위해 1992년 기후변화협약, 1997년 교토의정서, 2015년 파리협정을 체결하였다.

세계 모든 국가가 온실가스 배출량을 줄이는 목표를 수립하여 지구 평균 온도 상승 폭을 산업화 이전 대비 2℃ 이하로 유지하고, 더 나아가 온도 상승 폭을 1.5℃ 이하로 억제하기 위해 노력 중이다.

그러나, 나는 파리협정의 성공 가능성에 대해 회의적이다.

그 이유는 크게 세 가지다.

① **온실가스 배출 원인 해결의 어려움**

국제적 관리 대상인 6가지 온실가스의 배출 원인을 분석해 보면, 2022년 기준으로 배출 가스의 **88%가 이산화탄소**였으며, 배출 분야 중에서는 **에너지가 76%**로 압도적인 1위를 차지했다.

온실가스	배출 원인	인간의 활동	근본 원인
이산화탄소 (87.8%)	화석연료 연소(발전소, 공장 보일러, 자동차, 비행기 등), 시멘트 생산, 석회 생산, 유리 생산, 철강 생산, 산림 벌채 등	운송 및 이동(특히, 항공 및 자동차), 산업 활동, 전기 전자제품 사용 등	발전 중심의 경제 정책, 생산 위주의 기업 경영, 육류 위주의 식습관 등

메탄 (4.9%)	가축 사육, 쓰레기 매립 및 소각, 폐수 및 하수 처리, 화석연료 연소, 석유화학제품 생산, 철강 생산 등	육류 소비, 폐수 및 하수 배출, 쓰레기 배출, 산업활동 등	
아산화 질소 (1.5%)	질산 생산, 화학 비료 사용, 쓰레기 소각, 화석연료 연소 등	농업, 쓰레기 배출 및 소각, 산업활동 등	
수소 불화탄소 (4.5%)	냉매(에어컨, 자동차), 마그네슘 주조, 반도체 및 전자제품 생산 등	산업 활동, 관련 제품 사용 등	
과불화 탄소 (0.6%)	마그네슘 주조, 반도체 및 전자제품 생산 등	산업 활동, 전기전자 제품 사용 등	
육불화황 (0.5%)	절연제(변압기, 절연개폐장치), 반도체 생산, 마그네슘 주조 등	산업 활동, 전기 사용 등	

온실가스를 배출하는 인간의 활동을 세부적으로 살펴보면, **주거용 에너지, 상업용 에너지, 도로 운송, 제철 산업, 석유화학 산업, 축산업**이 가장 큰 비중을 차지하는 6가지 주요 항목이다.

이러한 활동은 발전 중심의 경제 정책, 생산 위주의 기업 경영, 육류 위주의 식습관에서 비롯된 결과다.

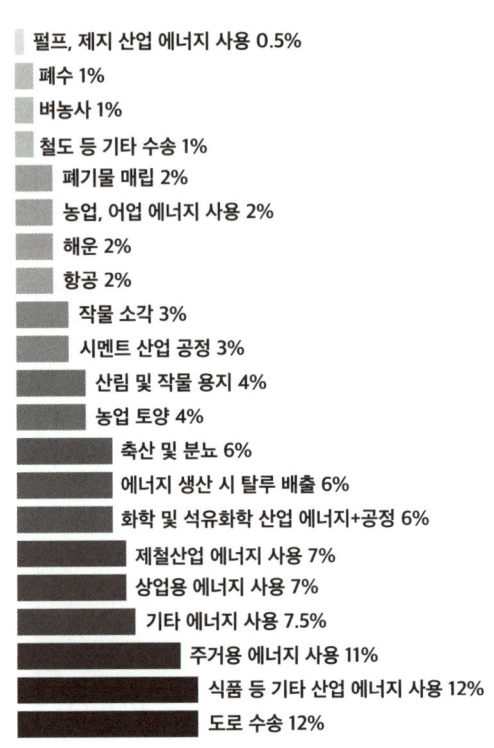

온실가스를 배출하는 인간의 활동

결국, 온실가스 배출의 근본 원인은 **경제 발전과 풍요를 향한 인간의 욕망**인데, 이러한 인간의 욕망은 쉽게 바뀌지 않는다.

② 온실가스의 긴 잔류 시간

한번 배출된 온실가스는 오랜 시간 동안 대기 중에 머물며 지구온난화를 부채질한다. **이산화탄소는 100~300년, 메탄은 9년, 육불

화황은 무려 약 3,200년 동안 사라지지 않는다. 오늘의 감축 노력은 100년 후에나 효과가 나타날 수 있다.

③ 정치적 갈등과 경제 논리
기후변화가 정치와 경제의 이해관계 속에서 문제의 본질이 흐려지고 있다.
기후변화의 원인에서 자유롭지 못한 산업 자본이 정치적인 영향력을 행사한다. 미국이 기후변화 협약의 탈퇴와 복귀를 반복하는 이유도 여기에 있다.

선진국과 개발도상국의 대립 역시 정치적인 색깔이 짙다. 선진국은 모두의 참여를 주장하며, 개발도상국은 역사적 책임을 주장한다. 서로의 주장이 나름의 설득력은 있지만, 대립은 문제 해결에 도움이 되지 못한다.

우리나라에서 전기요금이 현실화되지 못하는 이유도, 재생 에너지 개발이 더디게 진행되는 이유도, 정치적 배경에서 그 원인을 찾을 수 있다.

전기요금 현실화는 단순히 경제적 부담을 넘어, 에너지 절약 기술 개발과 효율적인 에너지 사용을 촉진할 수 있는 동기부여가 된다. 또한, 재생 에너지 개발은 기후변화 대응을 넘어 에너지 자립도를 높이는 국가적 생존 전략으로 평가받아야 한다.

우리는 이미 한 번의 실패 경험이 있다.

1997년 체결되어 2005년 발효된 교토의정서는 산업화를 일찍 이룩해 기후변화에 역사적 책임이 있는 국가들이 2012년까지 온실가스 배출량을 1990년 대비 평균 5.2% 줄이기로 한 약속이었다. 그러나 미국과 호주는 책임을 거부했고, 일본은 2011년 후쿠시마 동일본 대지진으로 원자력 발전이 무너지면서 감축을 포기했다.

지구온난화는 대사증후군과 같다.

대사증후군은 고혈당, 고혈압, 고지혈을 의미하는데, 당뇨병이나 뇌, 심장 질환 발병의 원인이다. 대사증후군은 잘못된 식습관과 운동 부족이 원인이어서 생활습관병으로 불린다. 지속적인 관리가 필수적이다. 그렇지 않으면 죽는다.

지구온난화는 인류의 생활습관병이다. 지속적인 관리가 필수적이다. 그렇지 않으면 멸망할 수 있다고 많은 과학자가 경고하고 있다.

지구온난화가 개인에게 미치는 영향을 종합적으로 정리하면 건강, 생계, 안전, 심리에 대한 영향으로 나눌 수 있다.

건강에 미치는 영향

- 2022년 기준, 고령자 대상 고온 노출은 1986~2005년 대비 약 87% 증가했다. (The Lancet)

- 우리나라 말라리아 환자수는 2021년 294명에서 2022년 420명, 2023년에는 747명으로 급증했다. (질병관리청)
- 물 부족과 폭우는 설사병을 유행시키는데, 설사병으로 매년 180만 명이 사망하여 어린이 사망원인 중 2위를 차지하고 있다. (기후변화가 식중독 및 수인성질병에 미치는 영향에 대한 잠재적 영향 분석)

생계에 미치는 영향

- 2013년, 미국 중서부 지대에서 이상기온과 가뭄으로 생산량이 22% 감소하였다. 이로 인해, → 옥수수 가격이 급등한 것은 물론 사료 가격도 급등하여 → 연쇄적으로 육류가격도 폭등했다.
- 우리나라에서 평균 기온이 2℃까지 상승할 경우, 쌀 생산량은 평년 대비 4.5% 줄어들고, 사과와 고랭지 배추 재배면적은 각각 66%, 70%나 급감할 것으로 예상된다. (농촌진흥청)

안전에 미치는 영향

- 우리나라는 매년 호우, 태풍, 대설 등 자연재난으로 많은 피해를 입고 있는데, 2013년부터 2022년까지 10년 동안 인명피해(사망·실종)는 30명, 재산피해는 3194억 원에 달했다. (국립재난안전연구원)
- 호주 연구에 따르면, 콘크리트 건물은 이산화탄소 노출에 매우

민감한 것으로 나타났으며, 기후변화가 지속될 경우 2100년까지 시드니와 다윈 2개 도시에서 전체 콘크리트 건물의 20~40%가 부식으로 손상될 것으로 예상되었다. (기후변화가 우리 주변 재료에 미치는 영향)

- 고분자 재료(플라스틱 및 고무)는 온도가 상승함에 따라 열 팽창을 겪는데, 이는 고분자 물성 저하로 이어진다. 이 물성 저하는 식품 포장재의 경우 외부 가스 및 수증기 차단 효과의 성능 감소로 이어져 식품 부패를 초래할 수 있다.

심리에 미치는 영향

- 2006년 강원도 집중호우 피해 주민의 약 78%가 **외상 후 스트레스 장애(PTSD)** 증상을 보였다는 연구 결과가 있다. (한국보건사회연구원)
- 기후변화로 인한 미래에 대한 불확실성과 무력감은 '기후 우울증(Climate Depression)'이나 '환경 불안(Eco-anxiety)'으로 나타나고 있다.
- 2021년 영국 배스대학교에서 전 세계 10개국 청년 1만 명 대상으로 설문 조사한 결과, 미래가 두렵다 77%, 슬프다 68%, 불안하다 63%로 나타났다. (심리적 행복을 위협하는 날씨)
- 미국 버클리대 연구에 따르면, 3도 상승마다 미국 내 폭력 범죄가 2~4% 증가되었다. 우리나라 경찰청 통계에서도 범죄 발생

과 검거가 여름철에 가장 많았다.
- 스탠퍼드대학교 연구팀은 미국과 멕시코의 수십 년간의 데이터를 분석한 결과, 월평균 기온이 1℃ 상승할 때 미국에서는 자살률이 0.68%, 멕시코에서는 2.1% 증가한다고 보고하였다.
- 전남대학교 연구팀은 2010년부터 2019년까지 서울시의 데이터를 분석하여, 고온에 단기 노출될 경우 65세 이상 및 35~64세 연령층에서 자살 사망률이 유의하게 증가했다고 발표했다.

이래서, 우리는 기후변화 문제를 제대로 알아야 한다.

기후위기는 '막을 수 있는 재앙'이 아니라, '현명하게 대응해야 할 현실'이다.
따라서 우리는 기후변화의 실체를 정확히 알고, 대응 전략을 구체화할 필요가 있다.
그 핵심은 다음의 세 가지 방향에서 출발한다.

① 기후 적응은 선택이 아닌 필수다
아무리 노력해도 기후위기를 완전히 막을 수는 없다. 따라서 기후 적응이 필수적이다. 기후 적응은 높아지는 온도와 잦아지는 재해에 대비하는 것이다. "매년 그러겠어"라고 생각하면 오산이다. 기업들은 기후 자체 위기뿐만 아니라 강화되는 기후 관련 법규에도 대비해야 한다.

기후 적응 예시

⇒ 자연재해 대비
- 도시 재설계: 저지대 지역 개선, 하수 시설 확장, 방벽 설치 등을 통해 재해 피해를 최소화한다.
- 사업관리 체계 개선: 유통, 운송, 통신, 건설, 레저 산업은 기상 변화 대응 시스템을 도입하여 날씨로 인한 경영 리스크를 줄인다.
- 재해 보험 개선: 현실에 적합하게 재해 보험을 설계하여, 피해 발생 시 회복력을 증진하고 경제적 충격을 완화한다.

⇒ 고온 대비
- 고온 경보 시스템: 조기 경보와 냉방 쉼터를 운영해 온열 질환 사망률을 줄인다.
- 야외 작업 기준 강화: 건설과 조선업은 작업 시간 조정, 냉방 휴식 제공 등 강화된 야외 작업 기준을 수립한다.
- 산불 예방 체계 구축: 건기와 고온이 겹치는 시기에 대비하여 산불 예보와 조기 대응 체계를 운영한다.

⇒ 해수면 상승 대비
- 연안 방재 인프라 확충: 방벽, 방파제 등을 설치하여 침수 위험을 낮춘다.
- 해안 사업 기준 강화: 해안 사업 허가 기준을 강화하여 리스크를 줄인다.

⇒ 열대성 질병 대비
- 보건 의료 시스템 강화: 열대성 질병 사전 감시를 강화하고, 감염성 질병 조기 차단 시스템을 수립한다.
- 백신과 치료제 개발: 비상 시 피해를 최소화한다.

⇒ 평균 기온 상승 대비
- 농업 적응 전략: 작물 재배 시기 및 지역 품종 전환을 통해 식량 안보를 유지한다.

⇒ 물 부족 및 홍수 대비
- 수자원 관리 시스템 구축: 빗물 저장 및 재활용 시스템을 구축하여 안정적으로 용수를 공급한다.
- 저수량 작물 및 기술 개발: 용수를 덜 사용하는 종자 및 경작 방법, 생산 기술을 개발하여 물 리스크를 줄인다.

② 기후위기는 경제 문제다.
기후변화 관련 법규는 국제 무역질서에 매우 큰 영향을 준다.
세계무역기구에서 무역 규제는 허용하지 않는다. 하지만 환경과 관련된 규제는 허용된다. 무역 규제는 정치적 목적으로 이용되는 경우도 많아, 이에 대한 철저한 대비가 필요하다.

에너지 정책도 변화가 필요하다.
전기요금 인상과 함께, 태양광, 풍력과 같은 재생 에너지를 적극적으로 개발해야 한다.
기후변화가 에너지 사용과 가장 관계가 깊은 만큼, 에너지 사용에 대한 법적 규제가 강화될 수밖에 없다. 강화될 규제는 비용 상승을 초래할 것이다. 재생 에너지를 기후위기 대응 수준에서 벗어나 새로운 시대적 요구로 인식해야 한다. 특히 우리나라처럼 화석 연료 자급이 턱없이 부족한 나라는 말할 것도 없다.

③ 탄소중립(Net Zero) 목표를 혁신을 촉진하고 생태계를 보존하는 기회로 삼아야 한다.
배출되는 온실가스를 아무리 줄여도 모두 흡수하여 "ZERO"를 만들기는 정말 어렵다.
하지만, 흡수의 규모를 늘리려는 노력은 오히려 발전과 혁신의 기회가 될 수 있다. 이산화탄소를 원료로 활용하는 기술은 새로운 물질을 발명하는 동기가 된다.

- 한국과학기술연구원 오형석, 이웅희 박사팀은 인공광합성 기술 분야의 문제점 중 하나였던 귀금속 촉매를 줄일 수 있는 기술을 개발했다고 밝혔다. 인공광합성은 식물처럼 물과 햇빛, 이산화탄소를 이용해서 수소와 산소를 생산하는 기술로, 이산화탄소를 흡수하여 청정에너지와 화학 원료를 생산할 수 있다.
- 한국화학연구원 이진희, 안진주, 박지훈 연구팀은 유독성가스인 포스겐 대신 CO_2를 원료로 사용하는 폴리우레탄 제조 공정을 개발했다.
- 나무는 온실가스를 흡수하는 소중한 자원이다. 여름철 왕성한 활동을 통해 이산화탄소 농도를 낮추는 효과를 낸다.

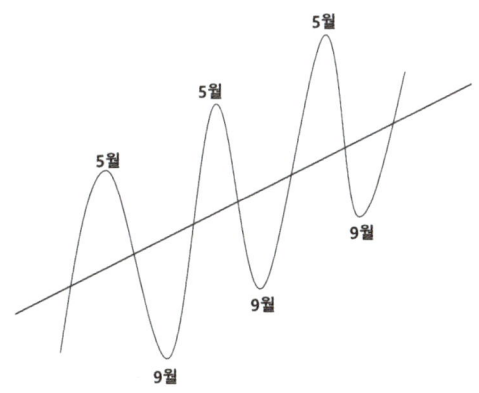

연도별, 계절별 이산화탄소 농도

나무의 가치는 생태계 전체의 가치 속에 포함된다.
생태계의 가치는 프랑스 생태학자 마리 바우트(Marie Bout)가 강조한 **'자연이 우리를 지켜 주는 5가지 방식'**을 통해 잘 설명할 수 있다.

ⓐ 자연은 생존에 필수적인 물, 공기, 식량을 제공한다.
우리가 살아가는 데 꼭 필요한 자원은 모두 자연에서 비롯된다.

ⓑ 자연은 이산화탄소를 흡수하고, 생물학적 방어막을 형성하여 우리를 보호한다. 숲은 기후를 완화시키고, 다양한 생물종은 질병의 확산을 억제하는 등 건강과 안전을 지켜 준다.

ⓒ 자연은 질소와 인과 같은 필수 영양소의 순환을 가능하게 한다. 이러한 순환은 농업과 생명체의 유지에 꼭 필요한 기반이 된다.

ⓓ 자연은 우리의 정신을 안정시키고 삶을 풍요롭게 한다.
숲, 바다, 하늘 같은 자연 풍경은 마음의 치유와 정서적 안정을 돕는다.

ⓔ 자연은 현재의 문제를 해결하고 지속 가능한 미래를 가능하게 한다. 실제로 항생제와 항암제의 80% 이상이 자연에서 유래된 물

질이다. 자연은 과거와 현재, 그리고 미래를 연결하는 지혜의 보고다.

이제 기후변화에 현명하게 적응하며 살아가는 방식을 터득해야 할 때다.

2) 플라스틱이 정말 환경의 적일까?

플라스틱은 본래 환경보호를 위해 개발된 소재다. (O/X)
종이컵은 플라스틱컵보다 항상 친환경적이다. (O/X)

2007년, 영국 디자이너 안야 힌드마치(Anya Hindmarch)는 일회용 플라스틱 비닐봉투를 대체하기 위해 면 캔버스 가방 "I'm not a Plastic bag"을 출시하여 에코백 열풍을 일으켰다. 그랬던 그녀가 2020년, 아이러니하게도 플라스틱 재활용 소재를 사용한 "I'm a Plastic bag"을 선보였다. 그녀는 에코백이 오히려 일회용 비닐봉투보다 환경을 더 해칠 수 있다는 점을 지적했다.

◇ 에코백과 텀블러의 진실

영국 환경청은 2011년, **면 가방은 131번 이상, 종이봉투는 3번 이상 사용해야** 일회용 비닐봉투보다 환경에 미치는 영향이 적다고 발표했다.

면과 종이 재질은 목화 재배와 나무 생산 과정에서 물, 비료, 살충제 등이 필요하고, 사용할 때 내구성을 고려하면 섣불리 어떤 것이 환경적으로 우수하다고 단정 지을 수 없다.

카페에서는 플라스틱 컵을 대신하기 위해 텀블러를 권장하기도 한다. 기후변화행동연구소의 분석에 따르면 **텀블러는 플라스틱 컵에 비해 온실가스를 13배 더 배출한다.** 이는 텀블러 제조 과정과 세척 시 물 사용을 고려한 결과다.

	제조 전 단계(원료)	사용 단계	폐기 단계	종합
텀블러	645	1	25	671
플라스틱컵	49	-	3	52
종이컵	26	-	2	28

종이컵은 플라스틱 컵의 절반 수준으로 온실가스를 배출하지만, 사용성을 위해 폴리에틸렌으로 코팅이 되어 있다. 이 코팅으로 인해 제조와 폐기 단계에서 환경에 더 큰 영향을 미칠 수 있다.

플라스틱 빨대의 대안으로 등장한 종이 빨대는 불편하고, 비싸며, 환경적 이점이 불확실하다.

◇ 플라스틱의 필요성과 아이러니

플라스틱 없는 일상은 상상하기 어렵다. 우리가 사용하는 거의 모든 제품에 플라스틱이 포함되어 있으며, 때로는 플라스틱이 환경에 긍정적인 영향을 미치는 경우도 발견된다.

⇒ 영국의 비영리단체 Green Alliance의 보고서 plastic promise에 따르면, 플라스틱 포장재를 사용한 오이는 다른 포장재를 사용한 경우보다 신선도가 14일이나 더 오래 지속돼 음식물 쓰레기를 줄인다.
⇒ 신용카드는 지폐와 동전의 사용을 줄여 화폐의 수명을 늘린다. 한국은행은 2018년 측정한 지폐의 유통 수명이 1000원권 52개월, 5000원권 43개월, 1만 원권 121개월을 기록했다고 발표했는데 이는 2011년 대비 1000원권은 14개월, 5000원권은 3개월

늘어난 것이었다.

⇒ 유리병은 플라스틱보다 무거워 운송 과정에서 더 많은 대기오염을 유발한다. 종이봉투는 비닐보다 탄소배출량이 높은 경향을 보이며, 플라스틱으로 코팅된 종이는 재활용이 어렵다.

플라스틱의 역사: 코끼리를 구한 발명품

플라스틱(plastic)은 열과 압력을 가해 성형할 수 있는 고분자 화합물로, 쉽게 원하는 모양으로 가공할 수 있다는 의미의 그리스어 플라스티코스(plastikos)에서 유래되었다.

19세기, 코끼리 상아는 단추, 상자, 장식품, 당구공까지 다양한 분야에 사용되고 있었다. 이로 인해 상아 가격이 상승하고 밀렵이 성행하여 코끼리 개체 수가 급감하게 되었다. 1863년 무분별한 밀렵으로 상아가 사라져 가자, 미국의 한 상아 당구공 제조사가 상아를 대체할 수 있는 물질에 1만 달러의 보상금을 내걸었다. 이 보상금을 위해 발명된 코끼리 상아 대체 물질이 플라스틱의 시초다. 플라스틱은 낙하산, 폭탄 부품 등 군사용품으로 전쟁에 영향을 미쳤으며, 영화 필름과 음반 재료로 문화산업 발전에도 기여했다. 금속이나 도자기보다 비중이 작아서 가볍고도 강한 제품을 만들 수 있으며, 가공성이 좋아 복잡한 형상의 것도 만들어 낼 수 있다. 전기절연성이 우수하기 때문에 다양한 가전제품의 부품에 사용된다.

그렇다고 해서 플라스틱이 환경에 문제가 없다는 의미는 아니다.

플라스틱의 문제점: 분해되지 않는 영원한 쓰레기
대부분의 플라스틱은 미생물이 분해할 수 없는 화학 구조로 되어 있어 자연적인 분해가 거의 불가능하다. 제대로 처리되지 않은 플라스틱은 수십 년, 심지어 수백 년간 토양과 해양에 잔존하며 생태계에 부정적인 영향을 끼친다.

또한, 플라스틱에는 다양한 기능을 위해 인체에 유해한 화학 성분들이 포함된다. 환경호르몬으로 알려진 비스페놀 A, 프탈레이트, 과불화화합물, 다이옥신 등은 플라스틱 제조 공정에서 소비자의 사용, 재활용, 폐기물 처리까지 제품의 라이프 사이클에 걸쳐 영향을 미친다.

◇ 생분해 플라스틱의 진실

플라스틱을 적으로 몰다 보니 **생분해 플라스틱이 부상하고 있다.** 그런데 여기에 복병이 숨어 있다.

생분해 플라스틱은 말 그대로 썩는 플라스틱으로, 기존 플라스틱이 평균 100년 이상 걸려 분해되는 데 비해 5년 이내에 분해되는 플라스틱이다.

영국 플리머스대 해양학자인 이모젠 내퍼(Imogen Napper) 박사는 생분해 플라스틱이 자연환경에서 얼마나 잘 분해되는지 확인

하기 위해 실험을 진행했다. 흙에 묻어 둔 경우, 바다에 버려진 경우, 공기 중에 노출된 경우의 세 가지 상황을 가정해 추적했는데, 3년이 지나도 토양이나 해양에서 썩지 않았으며, 공기 중에 방치된 제품은 쇼핑에 사용할 수 있을 정도로 멀쩡했다고 한다.

미국 피츠버그대 연구팀은 화석 연료를 원료로 한 일반 플라스틱 7종류와 바이오 플라스틱 4개의 환경성을 종합적으로 비교한 결과, 생분해 플라스틱이 일반 플라스틱보다 친환경적이지 않다는 결론을 내렸다. 옥수수, 사탕수수 등 생분해 플라스틱 원료를 재배하는 과정에서 독성이 높은 비료와 살충제가 사용되고, 생분해 플라스틱 제조 과정에서 첨가되는 화학물질이 또 다른 오염원이 되고 있다고 지적했다.

생분해 플라스틱은 일반 플라스틱과 구분해 버려야 자연에서 썩는 환경 이익을 실현할 수 있다. 그런데, 이 구분이 쉽지 않고, 구분하더라도 일반 플라스틱을 재활용하는 것에 비해 종합적인 환경성과가 우수할지는 사실 의문이다. 생분해라는 것이 매립에 기반한 개념인데, 매립되어 생분해된다는 것은 그 과정에서 메탄이라는 온실가스가 배출된다. 매립지가 사회적으로도 문제가 되고 있어서 매립 자체도 바람직하지 않다. 만일 소각되면 생분해가 아무런 의미를 가지지 못한다.

◇ 미세플라스틱의 진짜 원인

미세플라스틱 문제가 플라스틱에 대한 적대감을 배가시키고 있다. 여기에도 복병이 있다.

미세플라스틱은 어디에서 나오고 있을까?

2017년 세계자연보전연맹에 따르면 세탁과 타이어 마모가 1, 2위의 미세플라스틱 배출원이다. 개인 관리 용품인 세정용 화장품과 세제, 치약은 성능을 위해 의도적으로 제품에 미세플라스틱이 포함된다. 1위인 세탁은 폴리에스테르, 아크릴과 같은 플라스틱을 가공한 합성섬유를 세탁하는 과정에서 미세플라스틱이 배출된다.

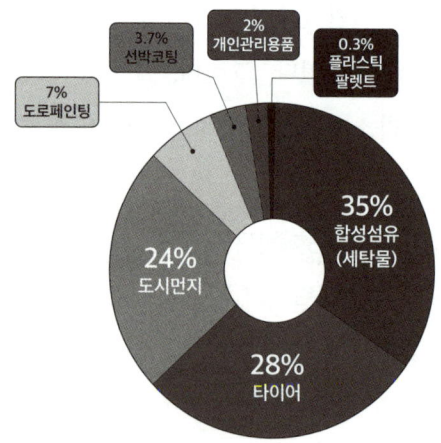

미세플라스틱은 우리가 쉽게 상상하는 일반적인 플라스틱 제품에서 배출되는 것이 아니다.

캐나다 맥길대의 나탈리 투펜키 교수팀은 플라스틱 포장이 사용된 티백 한 개를 물에 넣고 끓이자 100억 개 이상의 미세플라스틱 조각이 배출됐다는 연구 결과를 내놓았다.

플라스틱뿐만 아니라, 모든 물질은 정도의 차이가 있을 뿐 환경에 나쁜 영향을 미친다.
재료의 환경성을 단순 비교해 보면, 철과 유리는 제조 과정에서 플라스틱보다 에너지 사용과 오염 발생이 더 많다. 플라스틱 포장재가 철, 알루미늄, 종이 등 다른 포장재에 비해 전과정 환경 영향이 적다는 미국화학위원회(ACC)의 연구 결과도 있다.
이 연구에서 플라스틱 포장재는 다른 포장재에 비해 에너지 사용과 기후변화에 미치는 영향이 50%, 물 사용은 17%, 폐기물 발생은 30% 정도의 수준으로 분석되었다. 특히 부영양화는 1.9%에 불과했다.
하지만, 이 연구가 플라스틱 산업계의 지원을 받았기 때문에 액면 그대로 믿기는 어렵지만, 플라스틱 포장재만을 악당으로 지목하는 것은 적절하지 않다는 결론을 내리기에는 충분하다.

환경 영향은 물질 자체보다 어떻게 사용하는가에 따라 달라진다.
앞으로 절대 있어서는 안 될 가습기 살균제 사건도, 살균제 자체보다 사용 방법이 문제였다. 살균 성능은 인간의 삶에 필요한 기능 중 하나다. 해당 살균제는 호흡을 통해 인체로 유입될 수 있는 가습기에 사용하면 안 되었던 것이다.

사용에 따른 환경 영향에 주목한 디자이너가 있다.
레일라 아카로글루(Leyla Acaroglu)는 찻주전자 또는 커피포트 사용 시 과도하게 많은 물을 끓이는 사용 습관이 에너지 낭비의 핵심이라고 지적한다. 전기 포트에 물을 끓일 때 사용하지 않고 남을 물이 어느 정도일지 생각해 보자. 영국 소비자들이 한 잔의 차를 마시는 과정에서 남은 끓인 물에 소비된 에너지는 영국의 모든 거리를 하룻밤 밝혀 줄 수 있다고 한다.

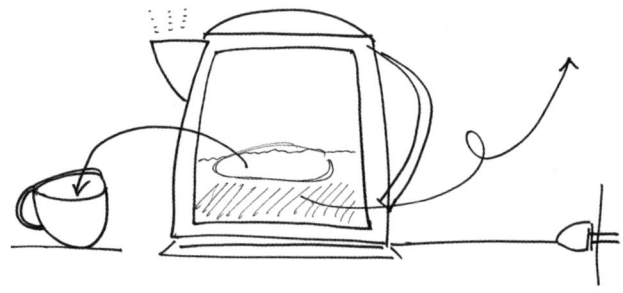

어떻게 접근해도 일회용 플라스틱은 환경의 적이 분명해 보인다. **사실 모든 일회용은 환경의 적이다.**
그러나 위생과 편리함 측면에서는 일회용이 필수적일 수 있다.
일회용 마스크의 주재료인 부직포도 플라스틱이다. "일회용" 이것 역시 사용이 핵심이다. 보건 위생과 감염병 예방을 위해 의료기관에서 일회용으로 사용하고 있는 다양한 의료용 도구에 대해 환경 측면에서 부정적이라고 해서 적절하지 못한 품목이라 할 수 없다.

따라서, 우리는 다음과 같은 질문을 던져야 한다.
① **일회용 제품을 꼭 사용해야 할까?**
② **사용해야 한다면 여러 번 사용할 방법은 없을까?**
③ **사용 후 어떻게 관리해야 오염을 줄일 수 있을까?**
이 질문들에 순서에 따라 답을 하는 것에서 문제 해결을 위한 올바른 방향을 정립해 나갈 수 있다.

환경 개선을 위해 잘못된 대상을 지목하는 일은 오히려 부작용을 낳는다. 플라스틱을 무조건 '환경의 적'으로 간주하는 시각은 문제의 본질을 흐리고, 현실적인 대안을 놓치게 한다. **그렇다고 플라스틱을 옹호하는 것은 아니다.**

그렇다면 진짜 환경의 적은 무엇인가?

우리가 진정으로 개선해야 할 대상은 플라스틱 자체가 아니다. 바로 일회용 사용 습관, 불필요한 포장, 그리고 허술한 관리 시스템이 진짜 문제인 것이다.

2021년 그린피스 코리아의 조사에 따르면, 가정용 플라스틱 쓰레기의 78%가 식품 포장재였다. 전체 플라스틱의 국내 물질 재활용률은 27%에 불과했고, 일회용 플라스틱의 비중이 큰 생활폐기물의 재활용률은 약 16.4%에 지나지 않았다.

3) 재활용이 환경을 해칠 수도 있다

재활용이 환경을 해칠 수도 있는 이유는 무엇일까요?
A. 재활용을 위한 분리수거가 불편해서
B. 재활용할 때 전기나 물을 많이 쓰기도 해서
C. 재활용하면 쓰레기가 줄어들어서
D. 소각이나 매립이 절차가 간편해서

재활용은 쓰레기 문제 해결을 위한 중요한 방법이지만, 때로는 역효과를 초래할 수 있다.

⇒ 재활용 그 자체는 환경적 가치가 있지만, 다른 부정적인 영향이 맞물리면 쓰레기 문제 해결에 도움이 되지 않을 수도 있다.

재활용에만 집중하면 본질을 잃을 수 있다.
⇒ 재활용을 지나치게 강조하면 쓰레기 발생 자체를 줄이는 노력(Reduce)에 소홀해질 위험이 있다. 쓰레기 문제 해결의 핵심은 발생 자체를 줄이는 것이다. 재활용은 후속 조치일 뿐, 최우선 순위가 아니다.
⇒ 자원을 절약(Reduce)하고 재사용(Reuse)하는 것이 가장 효과

적인 방법이다. 재활용이 가능하다는 표시(뫼비우스띠)나 용어만으로 환경에 미치는 영향을 과소평가할 수 있다. 또한, 분리수거만으로 충분히 환경을 보호했다는 착각에 빠질 수 있다.

쓰레기 발생량은 여전히 증가하고 있다.

우리나라의 쓰레기 관리 제도는 계속해서 개선되고 있다. 1992년 자원의 절약과 재활용 촉진에 관한 법률이 제정된 후, 1994년에 쓰레기 종량제가 도입되었으며, 2018년에는 자원순환기본법이 시행되었지만, 폐기물 발생량은 여전히 증가 추세를 보인다. 이는 생활 수준의 향상과 재활용 강조의 부작용이 맞물린 결과일 수 있다.

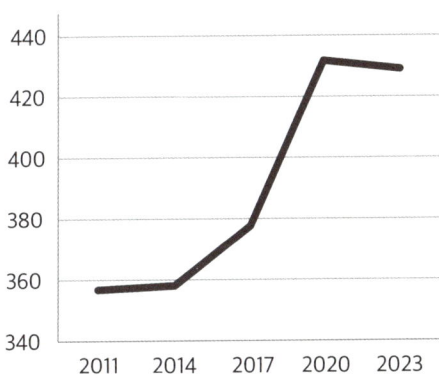

◇ 저감(Reduce)의 중요성

저감이 중요한 이유는 환경과 경제를 모두 살리기 때문이다.

쓰레기는 쓰레기가 되기 전까지는 경제적 가치를 지닌 자원이었으며, 모든 자원은 원료가 만들어지는 출발점부터 환경에 부담을 준다. 잘못된 기준과 낭비로 인해 자원이 쓰레기로 전락하면, 경제도 환경도 모두 손해를 본다.

음식물 쓰레기는 농사를 짓는 과정에서 농부의 노력과 함께 물과 비료 때로는 농약이 사용된다. 유통과 보관, 그리고 품목에 따라 공장에서 제조 과정을 거치기도 한다. 조리 과정에서는 조리사의 정성과 더불어 각종 부재료 그리고 물과 에너지가 투입되는데, 결국 쓰레기로 버려진다면, 이는 농사부터 조리까지의 전과정에서 투입된 모든 것이 낭비되는 것이다.

◇ 재활용 과정의 숨겨진 오염

재활용은, 하지 않는 것보다 환경에 덜 피해를 줄 것으로 기대하지만, 반대의 경우도 있다.

⇒ 재활용이 이루어지기 위해서는 수집, 운반, 재생의 과정을 거친다. 배출 시 이물질이 묻어 있다면 씻어 내야 한다. 이때 물과 에너지가 사용된다.

⇒ 분리되지 않은 물질들은 재활용되기 어렵다. 플라스틱이라도 종류가 다르면 재질과 녹는점이 다르기 때문에 후속 처리가 쉽지 않다. 어렵게 분리 수거하여 운반했는데 매립하거나 소각하게 되면 고생만 한 꼴이 된다.

⇒ 재활용 공정이 오염원인 경우도 있다. 폐지, 폐금속, 폐유 등을 재생하는 과정은 주로 화학 공정이고, 불순물을 제거하는 과정에서 유해물질 배출이 발생한다.

⇒ 폐지 재활용의 경우, 폐지를 재생하는 과정에서 사용되는 표백제와 응집제의 영향으로 천연 펄프보다 더 많은 환경오염 물질을 배출한다는 연구 결과도 있다. 재생 공정의 최종 찌꺼기는 소각 처리가 필요한데, 폐지의 잉크에 포함된 중금속이 소각되면서 독성 오염 물질을 배출한다.

◇ 재생 물질의 품질 문제

재활용된 물질의 품질이 낮으면, 제품의 성능이나 수명에 부정적인 영향을 미치게 되는데, 성능과 수명은 중요한 제품 환경 요소다.
재활용된 물질의 낮은 품질로 인해 제품의 고장이 발생하거나 수명이 줄어든다면, 재활용하지 않는 것보다 환경 부하가 클 수 있다. 고장을 수리하는 것, 수명이 다해 버리게 되는 것 모두 환경에 부담을 주는 결과를 초래한다.

쓰레기 문제의 올바른 접근: 5R 시스템(Reduce-Reuse-Remanufacturing -Recycle-Recover) 기준으로 시스템을 구축해야 한다.

⇒ 가장 먼저 배출량을 줄이는 저감(Reduce),
⇒ 폐기물을 단순한 수리 또는 세척 공정 등을 통해 다시 사용하는 재사용(Reuse),
⇒ 재설계 및 가공 과정을 거쳐 새로운 제품으로 탄생하는 업사이클링(Upcycling)과
⇒ 수리 및 재조립 과정을 거쳐 기존 제품으로 재탄생시키는 재제조(Remanufacturing),
⇒ 그런 다음에야 비로소 재활용(Recycle)이 이루어져야 한다.

이러한 순서를 체계적으로 운영한다면, 폐기물로 인한 환경오염을 의미 있는 수준으로 줄일 수 있을 것이다.

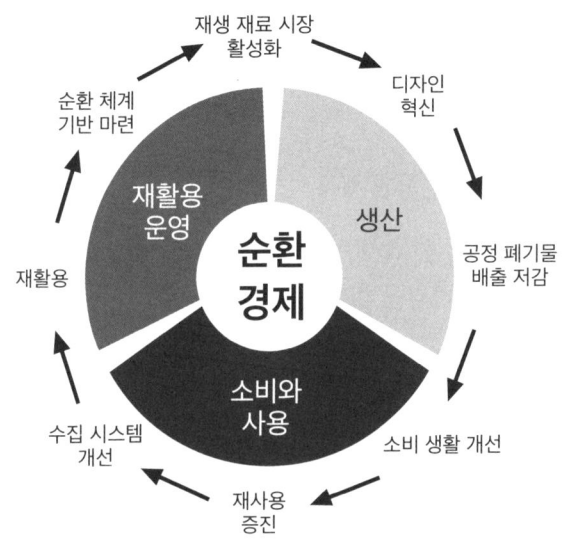

4) 어떤 제품이 '진짜' 친환경인가?

다음 중 가장 '진짜 친환경 제품'이라고 할 수 있는 것은 무엇일까요?
A. "친환경"이라는 단어가 포장에 적힌 신제품
B. 재활용 플라스틱으로 만든 일회용 식기
C. 플라스틱 대신 종이로 포장된 고급 과자
D. 3년째 고장 없이 쓰고 있는 물건

다음 중 '진짜 친환경 제품'을 고르는 가장 좋은 기준은 무엇일까요?
A. "친환경"이라는 말이 제품에 크게 쓰여 있다
B. 제품 포장이 초록색이고 나뭇잎 그림이 있다
C. 환경부나 공신력 있는 기관의 인증 마크가 있다
D. 매장에서 "요즘 이게 제일 잘 나가요"라고 추천해 줬다

친환경이란 말의 진실: 환경에 좋은 제품은 없다.
'친환경(Eco-friendly)'이라는 용어는 환경에 이로운 제품을 의미하는 것처럼 보이지만,
실제로는 환경에 덜 해로운 제품일 뿐이다. 환경에 진정으로 좋은 제품은 존재하지 않는다. 모든 제품은 자원을 소모하고, 폐기물을 만들어 내며, 작은 환경 영향이라도 남길 수밖에 없다.

◇ 친환경 용어의 허와 실

'친환경'이라는 용어는 국제 표준에서 함부로 사용하지 못하도록 규정하고 있다.

'자연 친화적(Nature-friendly)'이나 '지속 가능(Sustainable)'이라는 표현도 마찬가지다.

이러한 용어들은 구체적인 기준이 없으며, 때로는 사실과 다를 수 있기 때문이다. 환경은 대기, 에너지, 수질, 폐기물, 유해 물질 등 다양한 세부 분야가 있는데, 대부분의 친환경 주장은 특정 분야에만 해당된다. 해당되지 않는 다른 분야에는 오히려 부정적인 영향을 미칠 수 있다.

예를 들어, 텀블러는 플라스틱 폐기물을 줄이는 데 도움을 주지만, 세척 과정에서 물과 세제를 사용해 수질 오염을 초래한다.

◇ 상대적 가치로서의 "친환경"

"친환경"이라는 개념은 절대적인 것이 아니라 상대적이다. 이는 기존 또는 평균적인 제품보다 환경에 덜 해롭다는 의미이다.

친환경 제품은 제품의 전과정(Life Cycle)을 고려하여 환경에 부담을 덜 주어야 한다.

전과정은 원재료 채취, 제조, 운송, 사용, 폐기의 전체 과정을 의미한다. 모든 과정에서 환경에 덜 해롭기는 매우 어렵다. 하나의 단계에서 환경에 이로운 제품이 다른 단계에서는 악영향을 미칠 수 있다. 전기자동차는 사용 단계에서 대기오염을 줄이지만, 배터리 제조와 폐배터리 처리 과정에서 환경 부하가 발생한다.
따라서, 원칙적으로 친환경이란 용어는 거짓말이다.

친환경의 함정: 환경에 유익하다고 주장하는 제품이 오히려 환경을 해칠 수 있다.
친환경이라는 명칭으로 광고하는 음식물 분쇄기를 보자. 음식물을 갈아서 버리므로 환경에 이롭다고 광고되지만, 전기에너지를 사용하며 수명이 다하면 폐기물이 된다. 음식물 쓰레기 배출량을 줄인다는 효과는 주장할 수 있지만, 음식물 쓰레기 자체를 줄이는 데는 오히려 무관심해질 수 있다.

허위 또는 과장 광고를 통해 소비자를 기만하는 제품도 있다. 이른바 "그린워싱"이다.
유해 물질이 포함되어 있는데도 "무독성", 자연 상태에서 분해되지 않음에도 "생분해", 에너지 효율에 대한 근거도 없이 "고효율"과 같이 거짓된 주장을 하는 제품이 있다.
2012년 환경성 우수 주장 관련 광고의 약 46%가 허위 또는 과장된 내용이라는 한국소비자원의 조사 결과가 있었다. 그린워싱 위반 건수는 2021년 272건으로, 2015년 이후 최고 수준을 기록했다.
가짜 인증이나 실험 조작 등 거짓뿐만 아니라, 소비자가 속기 쉽도록 애매한 표현을 사용하기도 한다.
예를 들어, 1%가 포함된 원료가 환경적으로 우수하다고 마치 제품 전체가 그런 것처럼 표시하거나, 1%가 2%로 증가한 것을 100%가 향상되었다고 표현하는 것이다. 원래 포함되지 않는 해로운 물질을 제외했다고 광고하는 경우도 있다.

재활용 가능성을 바탕으로 지속 가능성과 그린을 강조한 운동화 광고는 그린워싱으로 판명되었다.
프랑스 광고 윤리 위원회는 '최소 50%가 재활용 소재로 만들어졌다'는 광고 문구가 구체적이지 않아 소비자들이 오해할 수 있으며, 'End Plastic Waste(플라스틱 폐기물 종식)'라는 표현도 적절하지 않다는 판정을 내렸다.

New more sustainable

End Plastic Waste

플라스틱을 대체한 알루미늄 캔이 지속 가능하다며 광고했는데, 알루미늄은 플라스틱보다 환경에 더 유해할 가능성이 크다.
알루미늄 캔 생산 과정에서의 에너지 소비와 탄소 배출, 실제 재활용 시스템의 효율성과 재활용률, 제품 유통 과정에서의 탄소 발자국 요소들을 종합적으로 고려하지 않고 단순히 "플라스틱을 사용하지 않는다"는 점만을 강조하면, 그린워싱으로 비판받을 수 있다.

사실, 친환경이라는 용어는 심리학적 마케팅 용어다.
"친환경"이라는 표현은 환경에 관심 있는 소비자에게 제품이 환경에 덜 해롭다는 것을 직관적으로 전달할 수 있는 용어라서 매력적으로 보인다. 그러나 사실에 근거한 정보를 충분히 제공하지 않는 경우가 많다.

자연, 천연(Natural, Organic) 용어도 함정이 있다.
자연, 천연이라는 표현은 환경과 사람에게 좋을 것이라는 느낌을 주지만, 반드시 이로운 것은 아니다.

⇒ 환경오염과 떼려야 뗄 수 없는 석유, 방사성 물질인 라돈도 천연 물질이다.
⇒ 곤충과 식물에서 독성 화학물질이 배출되기도 한다. 주름살 치료제로 유명한 "보톡스"는 자연에서 서식하는 클로스트리디움 보툴리늄(C. Botulinum) 균에서 만들어지는 맹독성인 보툴리누스에서 나온 것이다.

자연, 천연이란 표현이 합법적이려면 다음의 세 가지 조건을 충족해야 한다.
① 친환경을 주장하는 물질이 사람에게 이로운 성분이어야 한다.
② 이로운 성분을 추출하거나 정제하는 과정이 유해하지 않아야 한다. 화학 공정은 유해한 것으로 본다.
③ 이로운 성분이 제품으로 사용되는 단계까지 유지되어야 한다.

2018년, 호주에서는 유아용품에 Pure, Natural, Organic이라 광고했다가, 37,800달러의 과징금을 부과받았다.

식물성 팜유와 같이 여러 이슈가 복합적인 경우도 있다.
식품, 화장품, 바이오 연료 등 여러 분야에서 널리 쓰이는 팜유는 식물성이어서 환경적으로 우수하다는 주장을 한다.

⇒ 그러나 팜 농장은 온실가스를 줄이며 생태 가치가 뛰어난 열대림을 훼손하면서 만들어지고,
⇒ 팜유 생산 과정에서는 수질과 폐기물 문제가 발생한다.
⇒ 농장 지역 선주민의 인권 문제도 야기될 수 있다.

바이오 연료나 바이오 플라스틱의 원료로 사용되는 옥수수나 사탕수수의 대량 재배 역시 비슷한 문제를 안고 있다.
겉으로는 '식물성'이라는 '친환경' 이미지로 포장되지만, 실제로는 생태계를 파괴하고 과도한 환경오염을 유발할 수 있다. 뿐만 아니라, 이러한 작물의 대규모 경작은 식량 공급 감소를 초래하여, 식량 안보에도 부정적인 영향을 미친다.

◇ 진정한 친환경 제품의 조건

친환경 제품은 기본적으로 품질 좋고, 오래 쓰며, 낭비를 줄여 주는 제품이다.
품질이 좋으면 고장 나거나 수리할 가능성이 적다. 수리는 환경 부하를 일으킨다. 환경성은 우수하지만 품질이 나빠 소비자의 선택을 못 받으면 창고에 있다가 쓰레기가 된다. 이러면 친환경은

빛 좋은 개살구다.

수명은 매우 중요한 제품의 환경 성능이다. 자원을 오래 사용하는 것이니 자원 절약이 되고 쓰레기 발생을 늦춘다. A/S와 업그레이드는 수명을 연장시켜 주는 중요한 환경 성능이다.

물과 에너지의 낭비를 줄여 주는 제품, 소모품을 덜 사용하게 하는 제품, 불필요한 포장을 줄인 제품이 친환경 제품이다.

♣ 어떤 팩주스가 친환경인가? ♣

수업 시간에 학생들과 팩주스의 환경성에 대해 이야기를 나누었다. 우리는 어떤 요소들이 팩주스의 환경 속성인가를 전과정사고(Life cycle Thinking)의 관점에서 찾아보고, 어떻게 하면 환경 친화적인 팩주스를 만들 수 있을까에 대해 토론하였다.
토론 과정에서 주스라는 제품의 본질적 기능인 위생과 안전, 영양을 간과하지 않도록 유의했다.

토론 결과 제시된 친환경 개선 방안
- 포장의 인쇄 도수를 낮추어 잉크 사용량을 줄인다.
- 콩기름 잉크를 사용한다.
- 빨대를 팩 내부에 장착해 비닐 포장을 없앤다.
- 빨대 없이 바로 마실 수 있도록 입구 구조를 만든다.
- 국산 오렌지를 사용하여 운송 거리를 줄인다.
- 유기농 오렌지를 원료로 사용한다.
- 못생겨서 버려지는 오렌지를 사용한다.
- 불필요한 첨가물을 줄인다.
- 분리수거 시 세척이 쉽도록 절취선을 넣는다.

개선 방안 중에는 현실적으로 적용하기 어려운 것도 있지만, 즉시 실행 가능한 것, 연구개발 전략으로 충분히 가치 있는 방향도 있었다.

예를 들어, 인쇄 도수를 낮추는 것은 바로 실행이 가능하다. 이 개선은 잉크 사용량만 줄이는 것이 아니라 인쇄 공정에서 불량률도 낮춰 폐기물이 준다. 포장지를 재활용할 때 환경부하도 줄인다.

빨대 관련 개선은 전 세계적으로 관심의 대상인 일회용 플라스틱의 문제라서 연구개발 전략으로 결코 부족하지 않다. 사실 나는 거의 빨대를 사용하지 않는다. 커피나 음료수를 그냥 마셔도 불편함이 없다. 물론 음료의 종류에 따라 빨대가 필요한 것이 있지만, 없어도 되는 상황은 사용하지 않으면 오히려 편하고 환경 문제도 줄어든다.

♣ 친환경 제품 3가지 방향으로 이해하기 ♣

소비자의 친환경 제품에 대한 이해와 인식은 녹색 시장 활성화에 핵심적인 역할을 한다.
녹색 시장이 활성화되면 기업의 환경 혁신이 촉진되고, 사회 전반의 환경문제 해결 수준도 향상될 것이다.
소비자의 인식을 높이고 제품의 환경성을 쉽게 이해할 수 있도록 기준을 정리해 보았다.

제품 환경성은 다음의 세 가지 기준으로 나눌 수 있다.
- 성능(performance): 제품의 주요 운영 특징과 효율성
- 특색(features): 제품의 기본 기능을 보완하거나 소비자의 선호도를 반영하는 부가 요소
- 수명/내구성(durability): 기술적 수명뿐 아니라, 수리 가능성, 업그레이드, 경제적 조건을 포함한 사용 가능 기간

① **환경성능이 있는 제품**
성능은 소비자가 제품을 선택할 때 가장 중요한 기준 중 하나다.
친환경 제품에서의 성능은 다음과 같은 요소를 포함할 수 있다:

- 에너지 효율성
- 자원 사용의 절감
- 오염 물질 배출 저감
- 기능 합리화 및 제품 신뢰성
- 유해물질 배제

⇒ 자동차: 하이브리드차, 전기차는 온실가스와 대기오염을 줄이는 대표적인 친환경 제품이다.

⇒ 타이어: 주행성과 안전성은 물론, 연비를 높여 에너지 효율을 향상시킨다.

⇒ 커피메이커: 상하 분리형 디자인은 개별 용도로 사용 가능해 수명을 연장할 수 있다.

⇒ 초절수 변기: 물 사용량과 오수 발생량을 획기적으로 줄인다.

⇒ 초발수 페인트: 청소가 필요 없고, 빗물만으로 표면을 유지 관리할 수 있다.

⇒ 유해물질 배제 세제: 예를 들어 '에코버(Ecover)'는 염소계, 인산염 무첨가이며 동물 실험을 하지 않는다.

성능 요소들은 보조 기능으로 작용하여 특색에 포함될 수도 있다.

② **환경 특색을 가진 제품**
'특색'은 제품의 기능 외 요소로, 소비자의 인식과 선호에 영향을 준다. 친환경 특색은 이해하기 쉬운 메시지, 비용 절감 효과, 감성적 가치와 연결될 때 더욱 효과적이다.

⇒ 셔츠 포장재: 비닐과 고정핀을 없애고, 비코팅 종이박스로만 포장하여 자원 사용과 폐기물 발생을 줄인다.
⇒ TV 외관: 성능에 영향을 주지 않는 부분에 페인트 도장을 생략하여 자원 절감과 재활용성을 높인다.
⇒ 포장 용기: 동일한 부피에서 저장 용량을 증가시켜 운송 시 에너지 소비와 탄소 배출을 줄인다.
⇒ 업사이클링 제품: 폐차 엔진의 밸브 스템을 활용한 촛대처럼,

폐자재를 활용해 환경 부담을 줄이고 디자인 가치를 높인다.

오른쪽 용기 디자인이 동일한 부피에서 저장 용량이 많다.

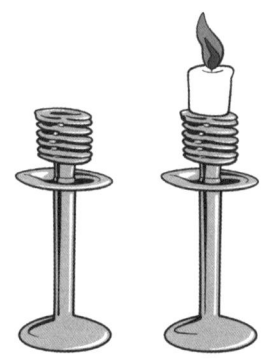

③ 오래 사용할 수 있는 제품

제품의 수명은 내구성뿐만 아니라 수리와 개선을 통한 수명 연장, 사회적 수명과 관련된 고부가가치화도 포함된다.

⇒ 아기 가구: 성장 후에도 의자나 장난감으로 사용할 수 있도록 설계된 가구는 불필요한 폐기물을 줄인다.
⇒ 모듈형 가구: 부품 교체와 업그레이드를 통해 계속 사용할 수 있는 제품들이 있다.

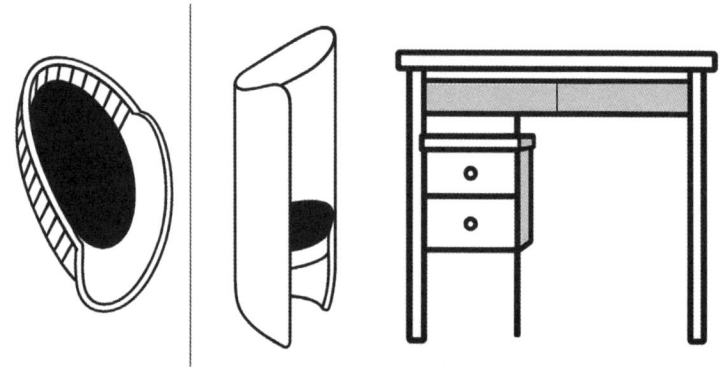

4.
우리 손에 달려 있다

1) 해결의 실마리는 어디에 있는가

기술의 진화: 인류의 한계를 극복하다.
인류 역사에서 기술 혁신은 끊임없이 한계를 극복하는 데 결정적인 역할을 해 왔다.

인류는 수렵채취 사회에서 농경사회로, 농경사회에서 산업사회로 발전해 왔다.
수렵채취 사회에서 사냥과 채집 능력의 향상은 풍부한 식량을 공

급하게 했고, 풍부한 식량은 인구를 증가시켰다. 인구 증가는 소비를 증가시켰고, 식량 부족으로 이어졌다. 부족한 식량은 비용 한계, 즉 같은 식량을 얻기 위해 더 큰 노력을 들여야 하는 상황을 초래했다. 이러한 어려움은 전쟁과 여아 살해와 같은 극단적 해결책을 낳았다. 전쟁은 식량을 빼앗기 위해, 여아 살해는 인구를 조절하는 데 필요했던 것이다.

이런 상황에서 농업과 목축이라는 혁신적 기술이 등장했다.
농업 기술의 발전은 식량 공급의 패러다임을 변화시켰고, 인류는 농경사회로 전환하게 되었다.
농경사회의 발전 단계도 수렵채취 사회와 비슷한 양상으로 흘러갔다.
농업 기술의 발달로 인구가 증가하자 자원 고갈과 비용 한계가 나타났고, 이는 토지와 물을 차지하기 위한 전쟁으로 이어졌다. 이러한 농경사회의 비용 한계를 극복한 것이 바로 산업혁명이다. 현재 우리가 살고 있는 산업사회가 열린 것이다.

환경문제는 산업사회 자원 고갈의 단면을 보여 주고 있다. 에너지 자원을 포함하여 여러 자원 공급에 대한 이슈, 환경오염 처리 및 회복, 기후변화로 인한 재해와 질병은 산업사회가 비용 한계에 도달했다는 증거다. 산업화 이후 전쟁 원인에서 에너지 문제를 빼놓을 수 없다.

과거 농경사회와 산업사회로의 전환이 혁신적 기술에 의해 이루어진 것처럼, 이제 환경문제를 해결하기 위한 새로운 기술 혁명이 필요하다.

⇒ 《비즈니스 생태학(The Ecology of commerce)》의 저자 폴 호켄(Paul Hawken)과 건축가이자 디자이너인 윌리엄 맥도너(William McDonough)는 인류의 지속 가능성을 위해서는 차세대 산업 혁명의 시대를 열어야 한다고 주장한다. 기존의 산업 혁명이 인간의 풍요를 위해 환경오염을 배출했다면, 차세대 산업 혁명은 환경 영향을 줄이는 기술 개발을 의미한다.

⇒ 환경문제에 대응하는 방향과 방법을 연구하는 요시 세피(Yossi Sheffi) 교수는 저서 밸런싱 그린(Balancing Green)에서 궁극적인 해결책은 기술을 개발하고 확장하는 데 있다고 말한다.

⇒ 경제사회사상가이자 미래학자로 기후변화 문제 관련 유럽연합과 중국의 경제계획 설계에 기여한 제레미 리프킨(Jeremy Rifkin)은 인류의 지속 가능성을 위해 의사소통 방식, 에너지와 물, 운송과 물류에서 회복력 혁명 인프라가 필요하다고 역설한다.

기술 혁신의 현주소: 환경문제를 해결하고 있는가?

현재 기술 발전의 흐름이 환경문제의 해결, 나아가 현재 인류의 비용 한계를 극복하는 방향으로 진행되고 있을까?

⇒ 한국지식재산연구원에서 우리나라, 일본, 영국과 미국의 2019년 학술 데이터베이스를 대상으로 지식재산 추세를 분석하였다. 그 결과 지식재산, 특허, 상표, 디자인 등 개별 분야의 키워드 분석에서 노출 빈도가 높은 용어는 4차 산업혁명, 인공지능, IoT, ICT, 의약품 등이었다. 환경 분야는 전체 지식재산 관련 키워드에서 50위에 그쳤다.

친환경 기술의 역설: 새로운 환경문제를 일으키다.

⇒ 친환경 디젤 차량의 역습을 기억하는가? 에너지 효율이 높아 온실가스를 줄이는 효과가 강조되면서 클린디젤 자동차라는 명칭까지 생겼었다. 국내에서는 원료인 경유 가격까지 저렴하다 보니 큰 인기를 끌었다. 그러다 디젤 차량이 미세먼지의 주범임이 밝혀지면서, 정부의 정책과 자동차 회사의 전략에서 밀려나기 시작했다.

⇒ 독일 국책기관인 프라운호퍼 건축물리학연구소(Fraunhofer Institute for Building Physics)는 전기차와 기존 내연기관 차

량의 환경 영향을 비교한 결과, 전기차는 생산 과정에서 내연기관 자동차 생산보다 60% 더 많은 온실가스를 배출하며, 태양광이나 풍력 같은 재생 에너지로 충전해도 3만 킬로미터를 운행한 뒤부터 내연기관 자동차보다 친환경적이 된다고 발표했다. 만일, 화석연료로 생산된 전기로 충전되면 6만km 이상부터 가솔린 엔진보다 기후친화적이다. (전기차, 수소차… '저공해차'의 불편한 진실, 일다)

⇒ 태양광 발전은 패널의 중금속 함유가 우려되고 있다. 국립환경과학원은 태양광 폐 패널의 중금속 함량을 분석 검사한 결과, 구리·납·비소·크롬을 함유하고 있다고 밝혔다. 태양광 패널 설치 시 산림과 농지 훼손 문제도 가벼이 볼 일이 아니다.

⇒ 오존층 파괴로 인한 인간의 건강에 대해 문제가 심각해지자, 오존층을 파괴하는 염화불화탄소(CFC)를 대체하기 위해 개발된 과불화 탄소(PFCs)는 지구온난화를 유발하는 온실가스로 밝혀져 규제 대상 물질이다.

⇒ 온라인 생활 문화가 확산하면서 이동이 줄어드니 환경 부담이 줄어든다는 이야기가 나오기도 한다. 프랑스 비영리단체 The Shift Project 보고서 climate crisis: the unsustainable use of online video에 따르면 온라인 영상 30분 재생 시 0.2kg의 이산화탄소가 발생하는데, 이는 차로 1km 운전할 때 발생하는 이산화탄소량과 같다.

⇒ 이메일이 친환경을 목적으로 발명된 것은 아니지만 종이 사용에 있어서는 긍정적인 영향을 기대했었다. 그러나 이메일이 증가했어도 종이 사용량은 계속 증가하였고, 이메일이 보편화되면서 불필요한 메일이 늘어나 에너지 소비에도 역행하고 있다.

◇ 기술 혁신의 상충 효과(Trade-off)

단편적 기술 혁신은 다른 환경 영향을 일으키는 상충효과(Trade-off)를 일으킬 수 있기 때문에, 반드시 종합적인 시각에서 연구되어야 한다.

상충효과의 결정판은 핵발전이다.
원자력 발전은 온실가스를 배출하지 않는 에너지원으로 인정된다. 그러나 핵발전소를 건설하는 단계와 폐연료 처리 과정에서 환경 영향이 매우 크며, 만에 하나 사고가 발생하면 치러야 할 대가가 너무나 크다. 문명의 종말까지도 우려해야 한다. 원자력 발전에서 나오는 고준위폐기물은 안전해지는 데 수백 년에서 수만 년이 걸린다.

◇ 새로운 방향이 필요하다: 기술과 시스템의 조화

제대로만 한다면 기술 혁신이 환경문제 해결에 크게 이바지할 수 있을 것이다.
하지만, 현재의 기술 혁신 추세는 기대에 미치지 못하고 있다.
환경 혁신 기술이 환경문제의 심각성에 비해 기술 개발 분야의 변방에 머물러 있으며, 다양한 환경 분야 중 에너지에만 집중되고 있다. 에너지 분야도 2022년 통계 자료에 따르면 전 세계적으로 전기 분야 내에서의 비중이 감소하고 있다고 한다.
에너지 분야에 집중된 기술 혁신 방향은 장기적으로 다른 환경문제를 일으키는 부메랑이 되어 돌아올 수 있다.

여기에 더해 기술 혁신이 생산 중심으로 이루어지고 있다는 점을 간과할 수 없다.
앞에서 수렵채취 사회에서 농경사회로, 농경사회에서 산업사회로 인류 사회의 혁명적 변화도 기술 혁신으로 이루어졌다고 이야기했다. 당시의 한계는 생산이 걸림돌이었다. 새로운 기술은 생산 문제를 해결함으로써 다음 단계로 나아갔던 것이다.
지금은 어떠한가? 생산은 부족하지 않다. 소비가 문제다. 소비를 혁신할 수 있는 방향이 필요한데, 새로운 생산기술로 환경문제를 해결하려고 한다. 생산을 줄이는 데에는 관심이 없다. 오히려, 생산이 줄어들면 경제 시스템이 무너진다고 이야기한다.

독일 연방정부가 전기차 하나로는 답이 아니라고 선언하면서, 도시 설계와 대중교통 체계 등 종합적인 소비 중심의 환경 배려 시스템을 강조한 것은 시사하는 바가 크다.
2011년 칼-하인즈 케틀(Karl-Heinz Kettl)이 교통수단별로 에너지 공급과 운송 시스템을 모두 고려하여 화석 연료 사용, 대기오염, 수계오염 영향을 종합적으로 분석한 결과, 철도와 버스, 전차와 같은 대중교통수단이 전기차보다 친환경적이었다. 전기차와 내연기관차의 비교에서는, 전기차의 수계오염 영향이 오히려 더 나빴다. 전기차만으로 현재의 환경문제를 해결할 수 없다는 독일 정부 정책의 일면을 이해하게 해 준다.

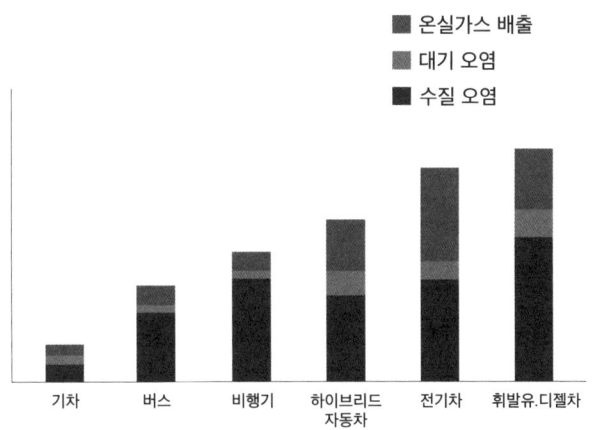

◇ 진정한 환경 혁신을 위한 접근법

⇒ 기술 혁신이 환경문제 해결에 기여하기 위해서는, 에너지뿐만 아니라 다양한 환경 분야에 걸쳐 균형 있는 연구가 필요하다.
⇒ 그리고, 생산 중심의 기술 혁신을 넘어 소비 혁신을 추진해야 한다.
⇒ 결론적으로, 기술 혁신과 시스템적 접근을 조화롭게 추구해야 한다.

하지만, 현재는 기술 혁신이 해결의 실마리를 제공하는 데 있어 장벽이 존재한다.

이 장벽을 넘어서기 위해 무엇이 필요할까?
기술과 시스템의 조화를 추구하고, 기술 혁신이 종합적인 방향으로 올바르게 작동하려면 어떻게 해야 할까?

2) '동기'가 혁신을 이끈다

기술 혁신은 근본적인 문제의 원인을 해결할 수 있는 동기가 있을 때 비로소 실현될 수 있다.

환경영향 = 인구 × 이기심^{불공정} × 물질 중심의 잘 사는 기준

환경영향방정식에 따르면, 환경문제의 근본 원인은 이기심과 불공정, 물질 중심의 잘 사는 기준, 이 세 가지 요소로 귀결된다.

먼저, 물질 중심의 잘 사는 기준을 살펴보자.

잘 사는 기준에서 물질을 지울 수 있을까? 조금이라도 낮출 수 있을까?

"소박한 삶", "만족이 행복" 같은 가치관이 떠오르지만, 현실적으로 보편화되기는 어렵다. 심지어 조선 시대처럼 도덕과 윤리를 강조하던 사회에서도 물질적 부는 여전히 사회 질서의 중요한 한 축을 담당했다.

"물질 중심의 잘 사는 기준", 이 요소에서 환경 영향을 줄이기 위한 동기를 찾기는 솔직히 어렵다.

두 번째 이기심, 이기심은 인간의 본성이다.

개인에 따라 이기심의 정도와 방향이 다르고, 덜 이기적인 사람도 있지만, 우리는 모두 자신의 이익에 따라 판단하고 움직인다. 기업과 단체도 마찬가지다. 국가 역시 인류보다 자국의 이익을 우선시한다.

환경오염을 일으키는 것이 물질적 이익이 되면, 이익을 추구하는 인간의 DNA는 환경문제를 악화시킨다. 기본적인 이기심을 초과하는 탐욕이 같이 작동하면 환경문제의 해결 가능성은 더욱 낮아진다.

환경오염을 일으키는 것이 손해가 되고, 환경을 개선하는 것이 경제적 이익을 창출할 수 있어야 해결의 실마리가 보이기 시작할 것이다.

◇ 핵심 원인 불공정, 문제 해결의 열쇠

환경오염이 손해를 가져오고, 환경을 개선하는 것이 이익이 되어야 공정한 시스템이 만들어질 수 있다. 환경문제가 우리 모두의 건강을 해치고 돈을 훔쳐 가고 있는 현실에서 이것이 정상이고 공정이다.

환경은 공공의 재산이어서 오염으로 인한 피해를 개인이 감당하고 있다. 이러한 피해 비용을 오염을 일으킨 자가 부담하게 한다면, 오염을 줄어야 하는 동기가 명확해진다.

시스템의 변화가 필요하다.

환경문제의 근본 원인은 불공정이며, 불공정을 변화시키려면 시스템이 달라져야 한다.

통계학 분야의 세계적인 석학으로, 사실에 근거하여 사람들의 잘못된 인식을 바꾸고 오해와 편견을 극복하는 데 헌신해 온 한스 로슬링(Hans Rosling) 박사는 그의 저서 FACTFULNESS에서 이렇게 말한다.

"악당을 찾지 말고 원인을 찾아라. 영웅을 찾지 말고 시스템을 찾아라."

전 세계에서 활용되는 경영시스템 구조인 PDCA(Plan-Do-Check-Act) 사이클을 창시한 품질경영의 대가 윌리엄 에드워드 데밍(W. Edwards Deming) 박사는 **"사업에서 문제가 발생했다면 94%는 시스템 때문이며 단지 6%만이 사람에 기인한다"**라고 말하며 시스템의 중요성을 강조했다.

폴 호켄(Paul Hawken)은 기업과 환경의 관계를 사업 구조와 철학적 관점에서 논리적으로 풀어내었다. 그의 저서《비즈니스 생태학(The Ecology of commerce)》에 호켄이 추구하는 시스템이 표현되어 있다.
"좋은 일 하기가 전혀 어렵지 않은 시스템, 의식적인 이타심에 의해서가 아니라 자연스럽고 일상적인 행동 하나하나에 의해 더 나은 세상이 이루어지는 시스템"이 바로 그것이다.

독일에서 태어난 영국의 경제학자로 적정기술(Appropriate Technology)의 창시자인 에른스트 슈마허(Ernst F. Schumacher)는 저서《작은 것이 아름답다(Small is beautiful)》를 통해, 환경 이슈가 인간 사회에 미치는 피해를 설명하면서 **"인간 중심의 경제로 이러한 문제를 극복해야 한다"**라고 역설하고 있다.
이 책에서 슈마허는 현대 경제학의 창시자라 불리는 영국의 존 메이나드 케인즈(John Maynard Keynes)의 주장에 반박하고 있는

데, 나는 책 속에서 발견한 케인즈의 주장에 동의한다.

케인즈는 "경제적 진보는 종교와 전통적인 지혜가 언제나 거부하도록 가르치는 인간의 강한 이기심을 이용하는 경우에만 비로소 실현될 수 있다."고 주장한다.

슈마허는 탐욕과 시기심 같은 인간의 악덕이 체계적으로 길러진다면, 그것은 지성의 붕괴로 이어질 것이고, 탐욕에 따라 움직이는 인간은 사물을 전체적으로 보는 능력이 상실되어, 그러한 사회는 실용적으로도 실패할 것이라고 역설한다.

하지만, 나는 다르게 생각한다. 인간의 이기심은 본성이니, 이 이기심을 조절하려는 시도보다 올바르게 이용하는 방법이 환경문제를 해결할 수 있는 길이라고 생각한다.

슈마허의 인간 중심의 경제와 호켄이 추구하는 좋은 일이 당연한 시스템이 바로 환경적으로 지속 가능한 세상이며, 이런 세상을 케인즈가 주장하는 인간의 이기심을 이용하는 방법으로 실현할 수 있다고 믿는다.

올바른 것이니 실천해야 하는 것이 아니고, 올바른 것이 이익이 되게 만들어야 한다.

금속 파이프를 제조하는 회사에 자문을 제공한 적이 있었다. 이 회사도 다른 회사들처럼 제안제도를 운영하고 있었는데, 결과가 매우 고무적이었다. 제안들의 질적 수준이 높았고, 회사 이익에 실질적으로 기여하고 있었다.

대부분의 회사는 제안제도를 통해 개선 항목을 발굴하고, 이를 통해 생산성을 높이거나 비용을 절감하고자 한다. 그런데, 제안제도가 제대로 운영되지 않는 회사들에서는 다음과 같은 문제점이 보인다.

⇒ 제안에 대한 보상이 불충분하거나,
⇒ 평가 과정이 투명하지 못하다.
⇒ 심지어 제안자가 곤욕을 치르기도 한다.
지금까지 개선하지 않은 것을 경영진이 질책한 것이다.

무엇이 이런 차이를 가져왔을까? 이 회사는 조직이 추구하는 목표를 개인의 이익과 연결했다.

환경적 불공정을 해소하려는 노력은 오래전부터 이어져 왔다.
1972년 OECD는 환경 정책의 4대 원칙을 담은 "Recommendation of the council on guiding principles concerning international aspects of environmental policies"를 발표했다.

⇒ 오염자부담원칙(polluter pays principle)
⇒ 조화원칙(harmonization principle)
⇒ 무차별 원칙(non-discrimination principle)
⇒ 환경비용 보전을 위한 수입세부과 및 수출환급 금지 원칙
  (compensating import levies and export rebates principle)

이 중 특히 오염자부담원칙은 전 세계로 전파되었으며, 우리나라의 환경정책기본법에도 다음과 같이 명시되어 있다.
『환경적 혜택과 부담을 공평하게 나누고, 환경오염 또는 환경 훼손으로 인한 피해에 대하여 공정한 구제를 보장함으로써 환경 정의를 실현하도록 노력한다.』

1992년 6월 3일부터 14일까지 브라질 리우데자네이루에서 개최된 '유엔환경개발회의(UNCED)'에서 전 세계 185개국 정부 대표단과 114개국 정상 및 정부 수반이 참석하여 지구 환경 문제를 논의하고 "리우 선언"을 채택했다.
이 선언은 인간과 자연의 조화, 개발 과정에서의 환경 고려, 적절한 정보 제공 원칙과 함께 오염자 비용 부담의 원칙을 핵심 내용으로 담고 있다.

환경비용 내부화는 현재 진행형이다.

오염 피해 배상, 각종 부과금과 부담금 등 경제적 규제는 오래전부터 운영되어 왔다. 최근에는 온실가스 배출권, 기후 금융, ESG 평가로 발전해 오고 있다. 요즘은 탄소 국경세에 대한 논의가 뜨겁다. 이러한 움직임은 불공정을 조금이나마 해소하려는 시도지만, 종합적인 차원에서 공정(fairness)이라는 원칙을 고려하는지에 대해서는 성찰이 필요하다.

환경문제 해결에 가장 적극적인 유럽연합의 환경세를 살펴보면, 2019년 에너지세는 77.9%를 차지했고 교통세가 18.9%, 오염 및 자원세가 3.2%였다. 다른 지역에 비해서는 높은 수준이지만, 오염 및 자원세의 낮은 비중은 공정(fairness), 즉 환경비용의 내부화가 여전히 부족하다는 것을 보여 준다.

오염자 비용 부담의 원칙은 누구나 공정하다고 생각할 수 있는 합리적 원칙이다. 이는 기업의 환경비용을 내부화하도록 유도하며, 내부화가 이루어질 때 비로소 모든 기업이 환경오염을 줄일 수 있는 노력을 시작할 것이다.

그린 비즈니스 시장이 환경문제를 해결할 수 있을까?

그린 비즈니스는 환경에 대한 노력이 이익으로 연결된다는 점에서 인간의 이기심과 연결된다. 그러나 불공정과는 별 관계가 없다.

환경문제의 직접적인 원인을 제공하는 기업이 오염에 대한 책임은 안 지고, 환경오염으로부터 이익만 얻을 수 있으니 오히려 불공정이 심해질 수 있다.

책임 의식이 결여된 그린 비즈니스는 시간이 지나면서 '그린'은 바래지고 '비즈니스'만 남아, 결국 환경문제가 자리만 옮기는 결과를 초래할 가능성이 크다.

◇ 소말리아 해적: 책임 의식이 결여된 그린의 극단적 사례

국제적 골칫거리인 소말리아 해적의 등장은 책임 의식 결여의 극단적 사례를 보여 준다. 그린을 이야기하는 일부 유럽 기업들이 톤당 3,000원을 주고 유독성 폐기물을 소말리아 인근 해역에 불법으로 투기했다. 그 결과 어장이 황폐해졌고 이는 소말리아 해적 등장 원인 중 하나다.

◇ 오염자 책임: 공정한 시스템의 필요충분조건

현재와 같이 환경 영향에 대한 책임이 불공정한 상황에서, 환경문제 개선을 위한 기술적, 사업적, 정치적 장벽을 넘기에 적절한 수준으로 환경비용이 내부화되기를 기대하는 것은 어렵다.

기술적, 사업적, 정치적 장벽을 넘기에 적절한 환경비용 내부화의 수준이 무엇일까?

그것은 환경오염에 대한 책임의 범위와 경제적 가치가 국가, 기업, 시민 등 모든 주체가 주저 없이 환경 부하를 줄여 나갈 동기가 되는 수준을 의미한다.

◇ 책임의 범위: 제품의 라이프사이클과 관련된 모든 환경 영향

먼저, 환경오염에 대한 책임의 범위를 보자.
환경비용을 내부화하려면 어떤 활동에 대해 어떤 환경 영향을 고려할지가 핵심이다.
이때 활동은 물질적 풍요와 관련된 제품의 라이프사이클을 의미하고, 환경 영향은 가능한 모든 범주를 포괄하는 것이 타당하다.

이를 설명하는 대표적 방법이 전과정평가(LCA, Life Cycle Assessment)다.
전과정평가는 지구온난화뿐만 아니라 자원 소모, 대기 영향, 수계 영향, 인체 및 생태 독성 등 다양한 영향 범주에 대하여 원료 추출, 운송, 제품 제조, 사용, 폐기까지 하나의 제품이 태어나서 사라질 때까지 모든 단계의 환경 영향을 평가하는 도구다. 한마디로

종합적인 환경 영향을 파악할 수 있다.

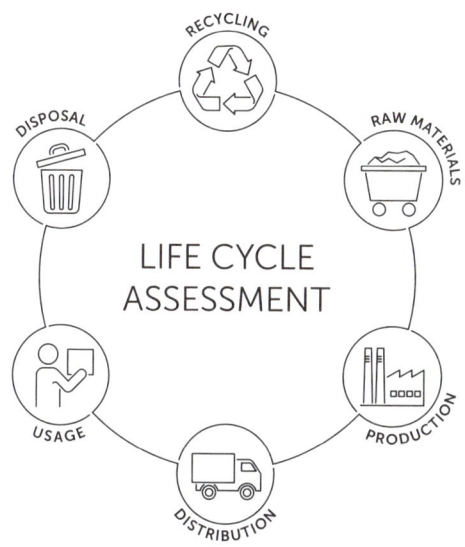

◇ 경제적 가치 평가: 환경 영향의 진정한 비용 측정

다음 단계는 전과정평가를 통해 정량적으로 계산된 종합적 환경 영향을 경제적 가치로 전환하는 것이다.
환경 영향의 경제적 가치는 다음의 세 가지를 포함해야 한다.

⇒ 오염으로 인한 직, 간접적 피해액
⇒ 훼손된 환경이 본래 지녔던 가치

⇒ 원 상태로 복구하는 데 필요한 비용

직, 간접적 피해에는 사람에 대한 건강과 보건, 공공 시설물과 같은 사회 자산, 그리고 농축수산업과 제조업, 서비스업에 이르는 모든 산업 생산에 미치는 영향을 포함해야 한다.

기업이 이 비용을 책임지게 된다면 어떤 일이 일어날까?
기업은 비용 절감을 위해 환경 부하를 줄이기 위한 혁신에 나섬과 동시에 증가한 비용을 제품 가격에 반영할 것이다. 그렇게 된다면 친환경 제품의 가격이 일반 제품보다 저렴해질 수 있다. 제품의 환경성이 가격에 포함되어 품질이나 디자인처럼 자연스럽게 시장에서 경쟁하는 기준이 될 것이다.
이것이 진짜 가격이다. 소비자가 환경을 고려할 필요가 없다.
새로운 제품과 비즈니스가 지속적으로 등장할 것이다. 에너지 효율, 재생 가능한 에너지, 지속 가능한 식품 체계와 같은 해결 방법을 강조할 필요도 없다. 아마 현재는 상상하지 못하는 새로운 형태의 사업이 만들어질지도 모른다.

런던 정경대학 앤서니 기든스(Anthony Giddens) 교수는 "아무리 큰 위험도 손으로 직접 만져지지 않고 일상생활에서 감지하기 어려우면, 아무런 조치를 취하지 않는다"는 기든스 패러독스를 강조했다.

추상적이고 모호한 환경 위험을 직접적인 위험으로 인식하게 만드는 데, 환경비용의 내부화처럼 확실한 것이 없다.

2000년이 지나도 건재한 로마 시대의 다리들: 그 이유는?

◇ 기술적 요소와 책임의 문화

⇒ 기술적 요소: 아치형 구조(Arch Design)는 강력한 내구성과 하중을 효율적으로 분산시키는 뛰어난 공학적 설계다.

⇒ 책임의 문화: 로마에서는 다리가 완공될 때, 건축가를 다리 밑에 서 있게 했다. 이는 자신이 설계하고 시공한 다리에 대한 책

임을 직접 체감하게 하는 강력한 제도였다. 이처럼 책임을 지우는 문화가 내구성 있는 건축물을 만들도록 강력한 동기를 부여했을 것이다.

환경오염에 대한 책임 비용은 환경오염 처리에 직접 사용되어야 한다. 현재 인구와 생활 수준에서는 아무리 노력해도 오염 물질의 배출은 지속할 수밖에 없다.
하지만, 적절한 비용을 투입한다면, 환경오염 처리 기술의 발전을 촉진하고, 관련 사업의 사업적 가치를 창출할 수 있을 것이다.

◇ 해결을 가로막는 높은 산: 리더 그룹과 경제 가치 기준

그러나, 환경문제 해결을 위해서는 여전히 넘어야 할 산이 많다. 가장 높은 산은 불공정이 아쉽지 않은 리더 그룹이다. 환경비용의 범위와 경제 가치 기준에 대한 기술적 장벽도 있다.

⇒ 리더 그룹의 저항
- 불공정이 아쉽지 않은 리더 그룹이 환경문제 해결에 무관심한 것은 어쩌면 당연하다.
- 이들은 환경비용의 공정한 분배를 지속해서 회피할 가능성이 높다.

⇒ 환경비용의 경제 가치 기준에 대한 기술적 장벽
- 피해 비용 계산 기준에 대한 분야별, 경제 주체별 합의가 정말 쉽지 않을 것이다.
- 합의가 되더라도 데이터의 신뢰성, 검증 문제 등 다양한 난관이 이어질 것이다.

◇ 피해 비용 산정의 어려움과 공정성 확보의 필요성

대부분의 분야에서 피해 비용을 산정할 때, 입증의 어려움으로 인해 실제 피해보다 낮게 보상되는 경우가 다반사다. 환경비용 역시 정확하게 입증하기가 어렵기 때문에, 과학적 근거뿐만 아니라 사회적 합리성을 바탕으로 판단 기준을 마련해야 한다.

이러한 어려움을 극복하고, 확실한 환경비용의 내부화를 통해 공정성을 확보할 수 있다면, 환경문제 해결을 위한 본질적 접근이 가능해질 것이다.

명확한 동기가 주어진다면, 시간과 비용을 아끼지 않을 것이다.
인간은 상호 이해와 존중을 통해 끊임없이 진화할 수 있는 존재다.
이제는 혁명적인 패러다임의 변화를 이끌어 내어, 새로운 발전의

역사를 써야 할 때다.

환경위기 ——— 기술혁신 ⟶ 💡
　　　　　　　　↑
　　　　환경비용 세부화

3) 친환경 문화를 꿈꾼다

문화란 무엇인가? : 이빨 빠진 그릇과 돼지고기 금지

중국에는 이빨 빠진 그릇이 복을 가져다준다는 전통이 있다. 낡은 그릇은 오래된 전통과 역사를 의미하며, 손님에 대한 예의를 표현하는 상징으로 여겨진다. 이러한 문화가 없었다면 많은 그릇이 버려지고, 서민들의 삶이 더욱 어려워졌을지도 모른다.

영국의 인류학자 에드워드 버넷 타일러(Edward B. Tylor)는 문화를 "지식, 신앙, 예술, 도덕, 법률, 관습 등 인간이 사회의 구성원으로서 획득한 능력 또는 습관의 총체이다."라고 정의했다.

문화는 예술, 종교, 관습 등 다양한 분야에서 나타나며, 규범과 가치관, 생활 양식, 일상의 행동을 통해 우리 사회의 근본이 되며, 개인에게는 삶의 기준이 된다.
어떤 문화에서는 상식이 다른 문화에서는 혐오가 되고, 문화에 따라 인간의 계급뿐만 아니라 삶과 죽음의 기준이 달라지기도 한다. **이것이 문화의 힘이다.**

미국의 문화인류학자인 마빈 해리스는 유대교와 이슬람교에서 돼지고기를 금기한 이유에 대해 이렇게 설명한다.
중동 지역에서 이동이 잦은 목축으로 생계를 유지하는 유목민들의 입장에서 돼지를 기른다는 것은 너무 큰 비용을 지불해야 하는 생존을 위협하는 일이었다.
소나 양, 염소는 사람이 먹지 못하는 풀을 먹고 젖과 고기를 제공하며 물과 그늘 같은 축사가 필요하지 않는다.
반면 돼지는 사람이 먹을 수 있는 식량을 나누어야 하고, 물과 그늘이 없으면 견디지 못한다. 해당 지역이 생태적으로 돼지를 키우는 데 적합하지 못한 것이다.
그러나 권세 있는 귀족들은 돼지고기를 계속 즐겼고, 이는 가난한 백성들의 적대감으로 이어졌다. 결국, 돼지고기는 종교적으로 금지되었다.
다른 문화권에서는 맛있고 영양이 풍부해 즐겁게 먹는 돼지고기를 이슬람 문화권에서는 사회를 지탱해 나가기 위해 금지하는 생활양식과 삶의 기준이 된 것이다.

아름다움에 대한 기준 역시 문화에 따라 다르다.

중국 4대 미녀 중 한 명인 양귀비는 비만형 체형이었으며, 과거 페르시아에서는 뚱뚱하고 얼굴이 크며 몸에 털이 많아야 미인으로 인정받았다.

1883년 태어난 페르시아 카자르 왕조의 타지 공주(타지 에스 살타네, Zahra Khanom Tadj es-Saltaneh, 1884~1936)는 당시 페르시아 전체에서 가장 아름다운 외모의 소유자였다. 평생 145명의 남성에게 청혼을 받았는데 청혼을 거절당한 사람 중 13명은 절망으로 스스로 목숨을 끊었다. 타지 공주는 풍만한 몸매와 큰 얼굴,

짙은 눈썹에 콧수염까지 나 있었다.

아프리카 무르시(Mursi)족은 입술이 많이 나올수록 미인으로 인정받는다. 무르시족 여자들을 입술을 찢고, 그 속에 나무를 둥글게 만들어 넣어 입술을 주걱처럼 튀어나오게 만든다.
미얀마와 태국 국경에 사는 카렌(Karen)족은 목에 링을 끼우는데 시간이 지남에 따라 링의 수를 늘리면서 목을 길게 만든다. 그들은 목이 길수록 미인이라는 가치 기준이 있다.

우리나라에서는 조명이 밝아야 기운이 좋고 장사가 잘 된다는 인식이 깊게 자리 잡고 있다. 그래서 그런지 상점과 식당에 가 보면 대부분 지나치다 싶을 정도로 천장에 전구가 많고, 대낮에도 켜 놓는다. 적절한 수준의 밝기를 받아들이는 문화가 자리 잡는다면,

가만히 앉아서 에너지를 절약하고 온실가스 배출량을 줄일 수 있을 것이다.

밤늦은 시간 빈 사무실에 켜져 있는 전구들

필자는 과거에 이러한 조명 문화를 개선해 보고자 "한 등 빼기" 캠페인을 기획한 적이 있다. 각 점포에서 하나의 전구만 빼도 전국적으로 에너지 비용을 줄이고 환경문제 개선에 동참할 수 있다는 취지로 시도했지만, 결과는 성공적이지 못했다. '밝아야 좋다'는 문화를 이겨 내지 못했고, 저렴한 전기 비용도 장벽이었다.

◇ 문화의 형성과 성장: 교육의 역할

문화는 일단 형성되면 살아 있는 생명체의 특성을 보인다. 성장하

고 번식하며 진화해 나간다. 서로 다른 문화는 경쟁하고 부딪치며 공생하기도 한다.

문화는 어떻게 만들어질까?
문화는 **환경에 적응하는 과정**에서 경험을 통해 습득한 지식을, 리더들이 자신들의 신념을 기반으로 **일반화시키는 과정** 속에서 형성된다.

행복의 조건이 무엇일까?
아마 모든 사람이 알고 싶어 하는 주제일 것이다. 이 질문에 답을 찾기 위해 하버드 의대 정신과 의사 조지 E. 베일런트(George Eman Vaillant)는 하버드 법대 졸업생 268명, 도시 빈민 남성 456명, IQ 150 이상 천재 여성 90명, 총 814명의 실제 인생을 72년간 조사했다.

연구 결과, 행복의 조건은 한마디로 건강한 인간관계였다.
타인을 배려하고 자신을 절제하며, 긍정적으로 삶을 바라보면 행복하게 살게 된다는 것이다. 연구 결과는 돈이나 명예, 지위, 학벌이 행복을 가져다주지 못한다고 말한다.
이 연구 결과를 안다고 해서 사람이 바뀔까?
아는 것이 자연스럽게 실행되려면 일반화시키는 과정이 필요하다.

법과 같은 제도를 통해서 규범화시킬 수도 있을 것이다. 하지만 궁극적으로는 가치관의 변화가 필요하다.
가치관의 변화를 추구할 수 있는 대표적인 과정이 교육이다.
조선 건국 후 고려 시대의 불교 문화에서 유교 문화로 변화시키는 과정은 교육제도와 과거제도를 통해서였다.

대부분의 설문 조사나 전문가들의 연구에서 안전한 사회를 위해 환경문제가 해결되어야 한다는 것에 동의하는 의견이 주류를 이룬다. 앞에서도 이야기했지만 안다고 해서 변화가 일어나지는 않는다. 환경문제에 대한 여러 지식이 쌓이고 있지만, **일반화시키는 과정이 없으면** 빛을 보지 못하고 사라져 갈 수 있다.

환경 선진국인 유럽 국가들은 예전부터 환경 교육을 시행해 오고 있다. 1994년부터 유럽위원회의 지원으로 에코스쿨 제도가 운영되고 있는데, 이 제도의 핵심은 환경과 관련된 중요한 이슈에 대해 학생들이 직접 해결 방안을 실행하고 그 변화를 체감할 수 있도록 하는 것이다. 이 교육을 통해 **시스템적으로 사고하고 스스로 결정할 수 있는 능력**을 갖추도록 추구한다. 특히, 독일은 정부 기관, 독일 내 각 대학교, NGO 등이 서로 연계하여 **생태 측면뿐 아니라 산업 측면을 고려**하여 교육 과정을 설계하여 운영하고 있다.

이쯤 되면 우리나라 환경 교육의 현주소가 궁금해진다.

국민환경의식조사 설문에서 80% 이상의 응답자가 의무적인 환경 교육 시행에 찬성한다고 했지만, 현실은 정상적인 교육 시스템에 환경이 담기기는 요원해 보인다.

근본적으로 우리나라 교육은 대학교 진학에 초점이 맞추어져 있고, 환경 지식은 목표하는 대학에 들어가는 데 큰 기여를 하지 못한다. 형식적으로 교육 과정에 편성되어 있을 뿐이다.

환경 교육에 관심이 적다 보니, 교육 내용을 개발하는 것 역시 지지부진하다. 환경이 우리의 일상에 어떻게 연결되어 있으며 왜 중요한지를 현실적으로 인식할 수 있어야 하며, 변화를 체감할 수 있는 과정이 포함되어야 한다. 현실과 괴리된 교육은 하지 않는 편이 낫다.

문화는 마케팅에 의해서도 만들어진다.

다이아몬드와 관련된 결혼 문화는 드비어스라는 다이아몬드 회사의 마케팅 "다이아몬드는 영원하다."로부터 시작되었다.

홍보(PR, Public Relations)의 아버지라 불리는 에드워드 버네이즈(Edward Louis Bernays)는 "경제에서 홍보는 욕망의 원천을 창조하는 적극적인 기술"이라고 정의했다. 그는 이렇게 말했다. "도서를 보급하려면 책 광고에 집중하지 말고, 가정에서 책장 갖기 붐을 조성하는 게 더 효과적이다. 대중을 이해하려면 대중의 숨은 동기를 파악해야 하며, 대중의 마음속에서 일어나는 변화를 읽을 줄 알아야 한다. 조종받는 대중이 이를 의식하지 못하게 스스로가 새로운 조류에 동참하고 있다는 생각을 주입해야 한다."

⇒ 그는 비누 조각 대회를 열어 아이보리 비누를 히트시켰다.
⇒ 담배 판매를 위해 여성의 공공장소 흡연을 여성권익 신장의 상징으로 만드는 '자유의 횃불(torches of freedom) 퍼레이드'를 열었다.
⇒ 미국인의 아침 식사 문화에서 빠지지 않는 베이컨은 의사들을 동원한 베이컨 과대광고의 영향이었다.

사실, 제품 판매가 궁극적 목적인 마케팅에서 만들어지는 문화는 부정적인 영향이 있을 수 있다. 하지만, 여기서 우리가 주목할 점은

4. 우리 손에 달려 있다

마케팅이 긍정적인 사회 문화 역시 만들어 낼 수 있다는 점이다.

독일의 프리드리히 2세는 백성들의 굶주림 문제를 해결하기 위해 감자를 보급하기로 한다. 하지만 당시 감자는 악마의 뿌리라 불리며 가축 사료로만 사용되었다.
백성들의 감자에 대한 거부감을 극복하기 위해 직접 감자를 먹고, 왕과 귀족만 먹을 수 있는 음식이라고 소문을 내었다. 감자를 재배하면서 경비를 허술하게 해 일반인들이 감자를 훔쳐다 먹기 쉽게 했다.

백성들은 감자가 먹어 보니 맛있고 괜찮다는 것을 알게 되었고, 그 결과 감자는 독일인의 주식이 되었다. **좋은 일도 전략이 필요하다는 것을 느낀다.**

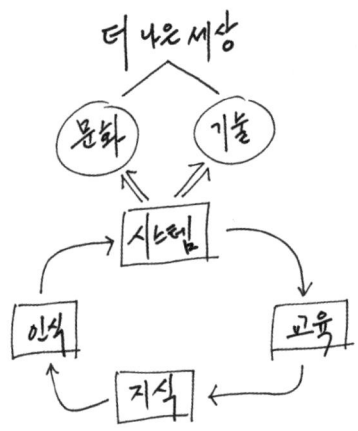

◇ 친환경 문화를 꿈꾼다

문화는 단순한 관습의 집합체가 아니라, 사회의 지속 가능성을 결정짓는 중요한 요소다.

이제는 환경을 보호하는 것이 자연스럽게 우리 문화의 일부가 되도록, 교육, 마케팅, 제도적 변화를 통해 새로운 문화를 만들어 나가야 할 때다.

친환경이라는 문화의 씨앗을 심고, 사람들의 삶 속에서 자연스럽게 뿌리내리는 데 기여할 수 있는, 그런 전략을 만들고 싶다. 능력이 부족하더라도, 멈추지 않고 계속 나아가겠다는 다짐을 해 본다.

	관심 →	동기 →	방법
현재	• 대부분 관심이 없다.	• 동기가 더 필요하다.	• 단편적이고 형식적이다.
장벽	• 모두의 것은 누구의 것도 아니다. • 인과관계가 복잡하다. • 지구를 위한다고 포장한다.	• 불편을 감수해야 한다. • 노력에 대한 성과를 확인하기 어렵다.	• 사업적 측면에서만 접근한다. • 기존 질서와 타협하면서 추진한다.
극복	• 각자의 이익과 연결되는 관계를 알아야 한다.	• 오염자가 책임지도록 해야 한다. • 노력하는 자가 이익을 얻도록 해야 한다.	• 종합적으로 접근해야 한다. • 근본 원인을 개선하는 혁신을 추진하여야 한다.
	알면 관심이 생길 것이다.	가치가 주어지면 동기가 생긴다.	방법이 바르면 성과가 따라올 것이다.

♣ 지속 가능한 미래를 위한 삼각축 ♣
- 시민·국가·기업의 역할 -

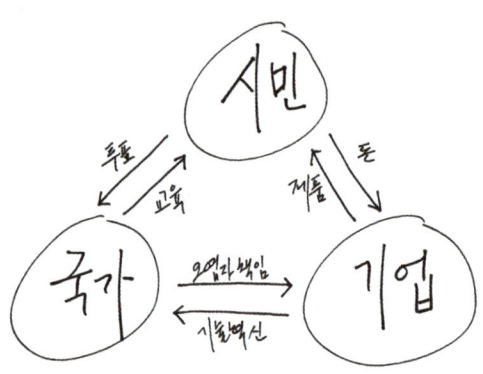

◇ 누가 먼저 시작해야 하는가: 닭과 달걀의 문제

위 그림은 시민, 국가, 기업이 서로 영향을 주고받으며 사회를 변화시키는 관계를 나타낸다.

시민은 투표를 통해 국가를 변화시키고, 환경성 기준에 맞춘 소비를 통해 기업을 변화시킨다.

국가는 규제와 제도를 통해 기업에 책임을 부과하고, 시민에게 교육을 제공한다.

기업은 기술 혁신과 오염자 책임 이행을 통해 사회의 기대를 충족시키고, 시민에게 더 나은 제품과 서비스를 제공한다.

이 관계는 하나의 방향으로만 작동하지 않는다.
모두가 서로에게 영향을 주고받는다.
그러므로 "누가 먼저 변화를 시작해야 하는가?"라는 질문은, 마치 닭이 먼저냐, 달걀이 먼저냐를 묻는 것과 같다.

시민이 먼저 바뀌어야 국가와 기업이 변화할까?
국가가 먼저 규제해야 시민과 기업이 움직일까?
기업이 자발적으로 혁신해야 시민과 국가가 따라올까?

이 질문에는 정답이 없다.
사회적 변화는 특정 주체의 단독 행동으로 이루어지지 않는다.
오히려 시민, 국가, 기업이 서로의 영향을 주고받으며,
동시에, 서로를 자극하면서, 조금씩 움직여야 한다.
변화는 어느 한 쪽이 완전히 준비되기를 기다리는 것이 아니라,
서로 미완성인 채로 시작하고, 서로를 끌어당기고, 밀어주면서 일어난다.

따라서 중요한 것은

"누가 먼저 시작해야 하느냐"를 따지는 것이 아니라, 지금 내가 무엇을 할 수 있을지를 생각하고 움직이는 것이다. **변화는 한 걸음 한 걸음, 모두의 작은 행동이 모여 만들어진다.**

국가:
⇒ 오염자 책임 원칙에 기반한 법과 제도를 마련하여, 기업이 지속 가능한 경영을 실천하도록 유도한다.
⇒ 실질적이고 체계적인 환경 교육을 통해, 시민들이 올바른 환경 인식을 갖도록 지원한다.

기업:
⇒ 기업 경영과 제품이 환경에 미치는 영향을 체계적으로 분석하고, 그로 인한 환경 영향이 다시 기업 경영에 미치는 상대적 영향까지 고려하여, 이를 줄이기 위한 지속 가능한 전략과 혁신을 추진한다.
⇒ 제도, 시장 및 소비자가 기대하고 요구하는 환경 요소를 파악하고 소통하여, 시장 경쟁력을 높인다.
⇒ 특히, 법과 제도는 경영 성과와 직결되어 있다. 면밀한 분석이 필요하다.
- 세계무역기구(WTO)의 무역기술장벽(TBT)은 환경 이슈가 무역 장벽이 될 수 있다는 것을 명시하고 있다.

- 전 세계로 퍼지고 있는 환경 관련 무역 규제 내용에는 친환경 설계, 화학물질 관리, 재활용률 관리, 중금속 함유 제한 등이 있다.
- 탄소국경조정제도(CBAM, Carbon Border Adjustment Mechanism)는 제품 생산 과정에서 온실가스 배출이 많으면 관세를 부과하는 제도다.

시민:

⇒ 선거를 통해 환경 정책을 실현할 수 있는 지도자를 선택하고, 정책 결정 과정과 영향에 관심을 갖는다.

⇒ 환경 지식과 정보를 공부한다. 환경 관련 무역 규제는 개인 입장에서도 필요한 정보다. '모르면 큰 위험을 부를, 우리가 꼭 알아야 할 환경 규제들' 항목에 간단히 정리해 놓았다.

⇒ 친환경 제품을 적극적으로 선택하여, 자신과 사회를 위한 환경 보호에 기여한다. '건강한 소비란 무엇인가' 항목에 관련 내용을 정리해 놓았다.

♣ 모르면 큰 위험을 부를, 우리가 꼭 알아야 할 환경 규제들 ♣

기업 생존과 경제 질서에 영향을 미치는 환경 규제는 기업뿐만 아니라 개인에게도 중요하다. 미래 산업과 직업으로 연결되기 때문이다.

이 자리를 빌어 핵심 내용 중심으로 간단히 정리해 보았다. 자세한 내용은 국제환경규제 기업지원센터 홈페이지에서 확인할 수 있다. (https://compass.or.kr)

① 에코디자인 규정

- 제목: EU의 새로운 에코디자인 규정(Ecodesign for Sustainable Products Regulation, ESPR)
- 요구 사항: 내구성(durability), 신뢰성(reliability), 재사용성(reusability), 업그레이드 가능성(upgradability), 수리 가능성(repairability), 유지보수 및 개조 가능성(possibility of maintenance and refurbishment), 유해물질의 함유량(presence of substances of concern), 에너지 사용 및 에너지 효율성(energy use and energy efficiency), 물 사용 및 효율성(water use and water efficiency), 자원 사용 및 자원 효율성(resource use and resource efficiency), 재활용 소재 활용(recycled

content), 재제조 가능성(possibility of remanufacturing), 재활용 가능성(recyclability), 재료 회수 가능성(possibility of the recovery of materials), 탄소 발자국 및 환경 발자국을 포함한 환경 영향(environmental impacts, including carbon footprint and environmental footprint), 예상 폐기물 발생량(expected generation of waste) 등 제품 관련 모든 항목에 대한 에코디자인이 요구된다.
- 대상 품목: 전기전자 제품, 물 관련 제품, 건축 자재부터 향후 섬유, 철강 등 모든 품목으로 확대 예정이다. 2026년부터 유럽연합에서 미판매 의류 폐기 금지 조항이 적용된다.
- 시사점: 어떤 분야든 제품의 전과정 측면에서 환경 기준을 파악하고 혁신을 추구해야 한다.

② **탄소국경조정제도**
- 제목: EU 탄소국경조정제도(Carbon Border Adjustment Mechanism, CBAM)는 EU 역내 및 역외에서 생산된 탄소 다배출 상품이 생산 위치와 무관하게 동일한 탄소가격을 부담하도록 하는 제도다.
- 요구 사항: EU 기준보다 온실가스를 초과하여 배출하는 경우 수입 시 관세(CBAM 인증서, CBAM certificate)를 부담하도록 할 예정이다.

- 대상 품목: 탄소 다배출 또는 탄소누출 가능성이 높은 철강, 알루미늄, 시멘트, 비료, 수소, 전기 6개 품목을 대상으로 하고 있다.
- 시사점: 향후 품목이 확대되고 기준도 강화될 예정이다. 온실가스 배출 저감이 국제 경쟁력이다.

③ **제품 여권 제도**
- 제목: 제품 여권 제도, 디지털 제품 여권(Digital Product Passport, DPP)
- 요구 사항: 제품의 생애 주기 전반, 즉 원자재, 생산, 사용, 폐기 과정에 대한 정보를 투명하게 공개하여야 한다. 소비자가 QR 코드를 찍으면 에코디자인, 우려 물질, 재활용 및 폐기 방법 등을 확인할 수 있어야 한다.
- 대상 품목: 전기자동차 배터리는 별도로 운영된다. 향후 단계별로 품목 확대 예정이다.
- 시사점: 이제 상품도 사람처럼 여권 없이 국경을 드나들 수 없게 될 것이다. 환경에 대한 정보 관리는 개인 정보와 같은 수준이 될 것이다.

♣ 건강한 소비란 무엇인가 ♣

건강한 소비는 친환경 소비이며, 현명한 소비다.

건강한 소비를 구매, 사용, 폐기의 제품 생애 주기 관점에서 살펴본다.

① **구매**

2011년, 아웃도어 브랜드 파타고니아의 "Don't buy this jacket" 광고 문구는 내 눈을 의심하게 했다. 필요하지 않으면 사지 말라니, 이게 말이 되는가? 파타고니아에게는 말이 된다. 그들의 행동에서 나타났던 환경에 대한 신념과 광고에 포함된 설명을 읽으면 충분히 이해가 된다.

재킷의 70%를 재활용 소재로 만들었지만, 제작 과정에서 한 벌에 135리터의 물을 소비하고 20파운드(약 9kg)의 탄소와 재킷 무게 2/3의 쓰레기가 배출되어 환경을 파괴하기 때문에 꼭 필요한 옷이 아니라면 되도록 사지 말라는 것이다.
꼭 필요하지 않으면 사지 말라는 것은 합리적 구매를 의미한다. 합리적 구매는 최선의 친환경 소비다.

하지만 이런 메세지는 소비 중심의 경제 시스템과는 어울리지 않는다. 오히려 소비 활성화를 통해 일자리를 창출하고 경제를 발전시켜야 한다는 주장에 힘이 실린다. 이런 이유로 환경 정책 중 지속 가능한 소비 분야에 대한 지원이 가장 미흡하고 현실적인 성과도 저조하다.

현재 환경 정책은 소비를 줄이기보다, 소비가 증가되더라도 전체적인 환경영향을 줄이는 방향으로 추진되고 있다. 그러다 보니 제품 환경성에 대한 각종 라벨이 등장하고, 기업들은 자사 제품의 환경적 우수성을 강조한다.
환경적으로 우수하다고 입증된 제품을 사는 것이 차선은 될 것이다.

② **사용**

친환경 기능이 있다 하여도 무계획적인 사용은 제품의 환경성능을 무력화시킨다. 일반제품이라도 사용 방식에 따라 환경오염을 줄일 수 있다.

사용 단계에서 환경을 고려하는 것은 낭비와 유지비를 줄이는 활동으로 정의된다. 불필요한 사용을 줄이고 제품의 상태를 양호하게 유지하는 것은 비용을 절약하고 제품의 수명을 늘리는 효과가 있다. 제품 구매 시 설명서를 읽는 습관을 들이자. 자동차의 경우 에코 드라이빙으로 연료비의 10%를 절약할 수 있다는 발표가 있었다.
하지만 소비자가 할 수 있는 것이 제한적이라는 한계가 있다. 에너지 효율, 기본 사용량, 품질과 수명, 화학물질의 함유량은 이미 정해져서 출시된다.

③ **폐기**

수명이 다한 제품은 폐기 단계로 들어간다. 폐기 단계에서 소비자에게 주어지는 책임은 분리수거다. 분리수거는 재사용과 재활용을 증가시켜 소각이나 매립을 줄임으로써 환경부하를 저감시킬 수 있다.

대부분의 소비자는 분리수거에 대한 책임을 잘 지키고 있다. 그런데 여기서 소비자가 할 수 있는 것이 제한적이다. 분리수거해야 하는 쓰레기를 줄이고, 분리수거를 하기 쉽도록 개선하고, 재사용과 재활용이 쉽도록 설계하는 능력과 책임은 기업에 있다. 환경 분야에서 일하고 있지만 분리수거하는 방법이 어려워 스스로도 맞게 하고 있는지 의심스러울 때가 많다.

이제 우리는 환경 문제의 근본적인 구조에서 우리가 할 수 있는 최선의 방법을 살펴볼 필요가 있다. 그것은 바로 기업과 정부가 움직이도록 만드는 것이다. 사용과 폐기 단계에서 소비자가 할 수 있는 것이 제한적이라는 설명은 이전 단계에 있는 기업의 역할을 의미하며, 기업을 움직이는 것은 정부의 제도다. 제품의 설계 단계에서 투자된 5%가 제품 전체에 미치는 영향력은 70~80%라는 분석 결과도 있다. 정부의 제도와 기업의 혁신이 바로 설계 단계다.

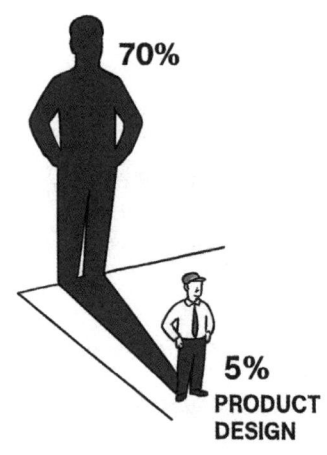

그래서 친환경 소비의 핵심은 구매다.

다른 단계보다 소비자 선택권이 가장 크고 기업에게 명확한 의사 표현을 할 수 있다. 환경 성능을 개선한 제품, 올바른 사용 방법을 이해하기 쉽게 제공하는 제품, 폐기 부담을 줄여 주는 제품을 구매하는 것은 기업들이 그런 방향으로 노력할 수 있도록 소비자의 권리를 행사하는 것이다.

♣ 친환경 구매를 위한 6가지 방법 ♣

① **친환경라벨을 확인하라**

구매하고자 하는 제품이 친환경 제품인지 확인할 수 있는 가장 쉬운 방법은 친환경라벨을 살펴보는 것이다.

라벨 확인은 전 세계적으로 녹색구매 방식에서 가장 높은 비중을 차지하고 있으며, 우리나라에서도 69%로 조사된 바 있다.

소비자 입장에서 친환경라벨의 전반적인 개념을 간단히 정리해 본다.

1-1) 라벨은 자체적인 것과 외부의 검증을 거친 공식적인 것으로 구분된다.

공식적인 기관의 검증을 거친 라벨은 기업이 스스로 주장하는 라벨에 비해 신뢰도 측면에서 일반적으로 우수하다. 소비자는 환경라벨을 보았을 때 이를 구분할 필요가 있다. 누가 발행한 것인지를 먼저 확인하자. 자체 라벨이라고 무조건 폄하할 필요는 없지만, 세부 사항을 신중하게 확인하는 것이 중요하다.

녹색제품정보시스템 사이트의 환경성 관련 인증 정보에 국내외 친환경 인증 라벨 정보가 나와 있다. https://recycle.keiti.re.kr/web/gwpi/thrdList.do

1-2) 분야별 환경성과 종합적 환경성을 주장하는 것으로 구분된다.
유해물질, 포장, 에너지 등 특정 분야에서 환경적 우수성을 주장하는 라벨은 그 의미를 이해하기 쉽다. 하지만 전반적인 친환경을 주장하는 라벨은 그 속내를 정확히 알기 어렵다. 환경의 범위가 넓고 복잡한데 무조건 좋다고만 하니 그런가 보다 하면서도 선뜻 손이 가지 않는다.

1-3) 공식적으로 종합적인 환경성을 주장하는 라벨은 환경뿐만 아니라 품질 기준도 포함되어 있다.
종합적인 환경성을 주장하는데 공식적인 인증을 거친 것이라면 기본적인 믿음을 주어도 좋다. 이 라벨은 품질 기준도 통과해야 하기 때문이다. 대표적인 친환경라벨인 주방용 세제 기준을 살펴보자.

- 환경 기준: 사용 금지 원료, 한계 희석량, 생분해도, 표준사용량 권고, 포장재
- 품질 기준: 위생 기준, 세척력

② 환경 성능을 비교하라

제품 구매 시 비교는 너무나 당연한 과정이다. 저렴하면서도 성능이 우수하고 디자인이 마음에 드는 제품을 사기 위해 발품을 팔거나 인터넷을 살펴본다. 매장이나 제품의 평점 역시 선택을 위한 중요한 비교 수단이다.

하지만 제품의 환경성능을 비교하여 구매하는 경우는 아직 익숙하지 않다. 비교할 만한 정보가 제공되지 않거나, 관심 있는 소비자도 많지 않기 때문이다.

독일에는 '외코테스트(ÖKO-TEST)'라는 잡지가 있다. 이 잡지는

시장에서 직접 제품을 구입해 별도의 시험과 분석을 거쳐 소비자가 이해하기 쉬운 형태로 제품 환경 정보를 제공하고 있다.

1985년 설립된 후 현재까지 10만여 개 상품에 대해 3,000여 차례 이상 평가를 수행해 왔으며, 가솔린에 함유된 납, 헤어스프레이의 CFC, 형광등에 포함된 PCB, 바닥재의 PVC, 아기용 고무젖꼭지의 프탈레이트 등 지금은 귀에 익숙한 환경 이슈를 초창기에 제기해 제도적으로 관리될 수 있도록 했다.

외코테스트의 분석 결과는 다음과 같은 6단계로 명확하게 구분된다.

- Sehr gut(아주 좋음)
- Gut(좋음)
- Befriedigend(보통)
- Ausreichend(보통 이하)
- Mangelhaft(불량)
- Ungenügend(끔찍)

이렇게 제공된 결과는 가격 정보와 함께 제공되어 소비자가 환경 성능과 가격을 고려하여 구매를 결정할 수 있도록 돕는다. 독일 내 인지도가 81%이며, 신뢰도는 35%로 국가 공인 마크의 21%보다도 높다.

녹색 소비가 개인에게 건강과 돈, 사회적으로는 안전과 경제 질서에 미치는 영향이 크다는 사실을 다시 한번 되새기며, 제품의 환경 정보에 관심을 가져 보자. 번거롭더라도 2~3개의 제품을 직접 비교해 보는 것은 재미있는 경험이 될 것이다. 같은 에너지 1등급도 세부 수준은 다르며, 일부 제품에서는 첨가되는 화학물질의 종류가 많은 데 놀랄 수도 있다.

우리나라에서 제품 비교 정보를 제공하는 곳은 비교공감이다. 비교공감은 한국소비자원과 소비자단체가 시험 및 조사를 통해 생산하는 제품 비교정보 브랜드로 시험 결과, 제품별 특징 및 구매 가이드 등으로 구분하여 관련 정보를 제공한다. https://www.consumer.go.kr

③ 경제적으로도 도움이 되는 친환경 리그가 있다

매장이나 온라인에서 환경 친화적인 제품을 찾기 위해선 꽤 많은 노력이 필요하다. 그런데 이런 노력을 덜 들이고도 친환경 소비를 실천할 수 있는 '친환경 리그'가 있다. 바로 중고품, B품, 재활용품을 다루는 시장이다. 이곳은 경제적으로도 이득이 되며, 환경에도 긍정적인 영향을 주는 공간이다.

중고품 시장

중고품 시장은 사용하지 않는 물건들을 다른 사람에게 판매하거나 교환하는 곳이다. 중고품을 구매하면 새로운 제품을 생산하는 데 드는 자원을 절약할 수 있고, 폐기물을 줄일 수 있다. 게다가, 중고품은 일반적으로 저렴하기 때문에 비용 절감에도 도움이 된다.

B품 시장

B품은 미세한 하자나 결함이 있는 제품을 의미한다. 이러한 하자는 제품의 사용에 큰 영향을 미치지 않지만, 완벽한 제품으로 인정받지 못해 할인된 가격으로 판매된다. B품을 구매하면 제품이 버려지는 것을 방지하고, 자원을 절약할 수 있다.

재활용품 시장

재활용품 시장은 재활용된 자원으로 만든 제품을 판매하는 곳이다. 이러한 제품들은 자원을 재사용함으로써 환경에 긍정적인 영향을 미친다. 재활용품 구매는 자원 낭비를 줄이고, 지속 가능한 소비를 실천할 수 있다.

여기서 잊지 말아야 할 것은 중고품, B품, 재활용품이라도 필요한 것만 사는 것이 현명한 소비라는 점이다.

'**당근**'은 다양한 연령층의 중고거래를 활성화시킨 중고거래의 대표

플랫폼이라고 해도 과언이 아니다.

'어글리어스(ugly us)'는 불필요한 낭비를 줄여 환경 보호에 기여하고, 농부의 노력에 대한 정당한 보상을 제공하는 것을 목적으로 운영되는 농산물 판매 사이트다. 화학 농약, 제초제, 살충제를 사용하지 않는 친환경 인증 농산품과 개성 있는 외형으로 판로를 잃은 농산물, 일시적인 구조 문제로 판로를 잃은 농산물, 공급 과다로 생긴 잉여 농산물들을 합리적인 가격으로 제공한다. 특히, 못난이 농산물을 '귀욤상', '개성 있는', '아담한' 등의 표현을 사용하며 소비자의 입장에서 거부감을 줄인 것이 눈에 띈다.

'오구가구'는 현대리바트가 출시한 중고가구 거래 플랫폼이다. 기존 중고거래 플랫폼에서도 침대, 식탁 등 가구 거래가 이루어졌지만 오구가구는 전문 설치기사가 가구 해체부터 배송·설치까지 책임진다는 점이 큰 특징이다. 현대리바트 제품이 아니더라도 상관없다.

④ 친환경 브랜드를 찾아라

브랜드는 단순한 이름이 아니다. 이미지와 가치를 담고 있다.
브랜드는 회사 이름이나 특정 상품 또는 상품의 그룹을 뜻하며, 여러 연구에 따르면 브랜드는 개성, 역사성, 우월성 등의 이미지를 통해 소비자의 선택에 영향을 미치는 것으로 나타났다. 어떤 상품을 살 때 무엇을 기준으로 선택하는지 스스로 돌이켜 보면 믿을 수 있는 브랜드가 먼저 떠오를 것이다. 소비자에게 브랜드는 신뢰와 비용 지불 의사를 의미한다.

브랜드와 환경의 관계에서 친환경 브랜드, 그린 브랜드라는 표현이 있다.
브랜드 컨설팅 그룹 인터브랜드(Interbrand)는 매년 Global best brand를 선정하여 발표하면서 Best Green Brand도 선정한 적이 있다. 2011년부터 2014년까지 4년 동안 그린 브랜드를 발표했는데, 왜 4년만 했을까? 그린의 중요성이 줄어들어서일까?
그린의 중요성이 줄어서가 아니라, 그린이 좋은 브랜드에 포함되기 때문으로 해석하는 것이 적절하다. 브랜드에 대한 소비자의 인식은 종합적이며 그 속에 환경이 포함되어 있다.
2004년 니케이 환경경영 포럼에서 기업의 환경 정보가 종합적인 브랜드 가치에 미치는 영향을 분석한 결과, 상품 우위성 11.8%, 기업 이미지 22.8%, 브랜드 로열티에 24.2%의 영향을 미치는 것으로 조사되었다. 환경에 대한 노력은 전체적으로 좋은 브랜드라는 이미지를 가져다주며 그 영향력은 기대 이상이다.

친환경 제품을 선택하는 방법으로 친환경 브랜드를 추천하는 이유는 경험에서 비롯된다.

과거에 환경 이미지가 좋은 회사들과 일해 본 경험이 있었다. 이런 회사들은 자신의 브랜드 이미지가 매출에 미치는 영향을 인지하고 있었으며, 그 이미지를 지키기 위해 부단히 노력하고 있었다.

친환경 브랜드를 선택하는 세 가지 기준

4-1) 창업 이념을 살펴보자.

아웃도어 브랜드인 파타고니아의 창업자 이본 쉬나드(Yvon Chouinard)는 암벽등반가였다. 그는 1957년부터 쉬나드장비에서 산악 용품을 만들어 팔고 있었는데, 암벽 등반용 쇠못인 피톤이 암벽을 해치는 주범이라는 것을 알게 된 후 피톤 생산을 중단했다. 당시 피톤 사업은 쉬나드장비의 핵심 사업이었다. 피톤 대신 암벽 틈에 끼워 넣는 초크라는 제품을 개발하여 클린 등반 개념을 세상에 알리기 시작했다.

파타고니아는 연간 매출의 1퍼센트 이상을 환경기금으로 기부하는 '지구를 위한 1% 프로그램(1% for the Planet)'을 만들고, 모든 면소재 의류를 100% 유기농 생산 체제로 바꿨다.

2022년 9월, 팔순이 넘은 기업가 이본 쉬나드가 30억 달러(약 4조 원)에 달하는 회사 지분을 환경 단체와 비영리 재단에 통째로 기부한다고 발표했다. 현재 이 회사 홈페이지에는 다음과 같은 문장이 있다.

Everything we make has an impact on the planet.

4-2) 경영자의 신념을 확인해 보자.

경영자의 진짜 신념을 알기가 쉽지는 않다. 언론이나 홈페이지를 통해 접하는 내용은 정제되었을 가능성이 크다. 벨기에의 친환경 세제 전문 기업 에코버의 경영자인 피터 말레즈의 인터뷰는 진심이라고 느껴진다.

"나는 환경운동가가 아닙니다. 사업가입니다. 단지 친환경 제품으로 돈을 벌려고 하는 것이지요."

4-3) 경영 전략과 실천 상황을 파악해 보자.

영국 화장품 브랜드 러쉬(LUSH)의 6대 신념은 행동 양식에 가깝다. 제품을 통해 실제 모습으로 드러나고 있으며, 소비자들의 기대에도 부합한다. 러쉬 제품은 식물성 원료와 에센셜 오일, 최소

한의 보존제와 안전한 인공 성분을 사용하고 있다. 동물실험을 하지 않고 동물실험을 거친 원재료 또한 사용하지 않는다. 불필요한 포장을 없앤 고체 형태의 다양한 '네이키드' 제품을 개발하여 출시하고 있다.

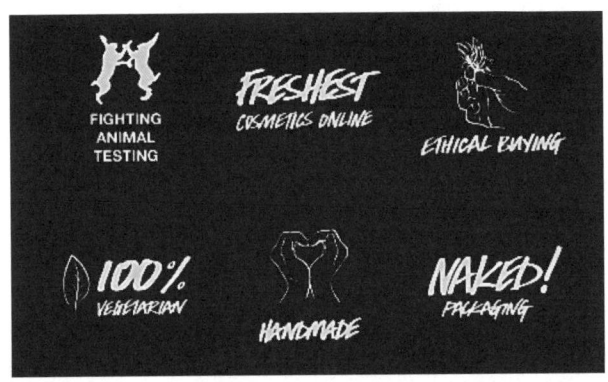

⑤ 공유 서비스는 친환경이다

물건을 왜 살까?

명품이나 디자인이 독창적인 제품은 가지고 있는 것만으로도 만족을 주는 경우가 많다. 그러나 대부분은 원하는 기능을 사용하기 위해 물건을 산다. 만약 물건을 사지 않고 필요한 기능을 사용할 수 있다면 어떨까?

제품을 기능만 사용하는 서비스 형태로 제공하는 모델을 제품-서비스 시스템(Product-Service System, PSS)이라고 한다. PSS의 대표적인 사례로 미국의 카펫 회사 인터페이스(Interface)사의 에버그린 리스(Evergreen Lease)가 있다.

에버그린 리스는 매달 사용료를 내면 카펫을 깔아 주고 관리해 주는 서비스 상품이다. 사용자는 목돈 대신 매월 정해진 금액을 지불하면 구매하는 것과 똑같이 사용할 수 있으며, 최적의 상태로 관리도 받는다.
판매할 때에는 소비자가 카펫을 오래 사용하는 것이 회사 입장에서 좋지 않을 수 있으나, 빌려주는 경우에는 이야기가 달라진다. 소비자가 카펫을 오래 사용하는 것이 카펫 주인 입장에서 경제적으로 이익이 되며, 수명이 다한 카펫을 재활용하면 폐기물 비용이 준다. 궁극적으로 카펫을 **처음 만들 때부터 오래 사용할 수 있고 관리가 쉬우며 재활용이 가능하도록 개발할 동기가 부여**되는 것이다.

알레그리니(Allegrini) 사의 「세제 배달 서비스」
알레그리니는 이탈리아의 세제 및 화장품 생산업체로서, 제품 서비스 시스템 개념을 도입하여 Casa Quick이라는 세제와 서비스를 함께 제공하는 새로운 방식을 사업 개발하였다.

Casa Quick은 매달 밴으로 세제를 고객의 가정까지 직접 배달하며, 각 고객에게 초기에 배포한 용기에 리필을 해 주는 형태로 7가지 종류의 세제를 3,000여 가구가 있는 4개 지역을 방문하면서 사업을 운영하고 있다.

Casa Quick을 통해 포장 재료로 사용되는 자원이 덜 사용되었으며, 유통 거리가 줄어들어 운송에 따르는 환경부하가 줄어들었다. 용기에 남아있는 세제가 용기의 재활용이나 폐기 과정에서 발생시키는 환경오염도 예방이 된다. 알레그리니 사는 포장 공정이 줄어들고 포장재 생산 비용을 절감하여 원가를 낮추었으며, 소비자 입장에서는 배달해 주니 편리하고 폐용기의 발생이 줄어들어 서비스 제공 지역 주민의 25%가 고객으로 확보되었다.

일렉트로룩스(Electrolux) 사의 「Pay-Per-Wash」
일렉트로룩스는 스웨덴에 본사를 두고 있는 세계적인 가전제품 제조회사로 프레온가스를 사용하지 않는 냉장고를 세계 최초로 도입한 환경 선도 기업이다. 이 회사는 미래형 비즈니스 전략인 "스마트 홈"의 1단계 사업으로 「Pay-Per-Wash」 사업을 시범적으로 실시하였다. 「Pay-Per-Wash」는 세탁한 만큼 돈을 지불한다는 원칙에 따라 실행되었다.
이 사업의 목적은 사용자에게 에너지와 용수를 절약하도록 유도하고, 제조사에게는 친환경 설계 기법을 도입하여 고효율 세탁기를 제조하도록 동기를 부여함으로써 자원과 에너지 사용을 줄이는 데 있었다.

본 사업의 결과 회사는 이미지 향상에 도움이 되었다고 평가하였으며, 주 1회 정도 세탁하는 가정의 경우는 경제적 성과도 거두었다. 그러나, 주 3-4회 세탁하는 가정의 경우는 경제적 효과가 다소 낮았다고 한다. 여기에서 경제적 효과와 환경부하의 연결 고리가 발견된다. 모아서 빨래하면 비용과 환경오염이 준다.

'**열린 옷장**'은 옷장 속에 잠들어 있는 정장을 기증받아 정장이 필요한 사람들이 이용할 수 있도록 서비스를 제공하는 비영리 단체다. 열린 옷장의 공유 정장은 면접을 앞두고 정장 때문에 고민하는 취업준비생, 특성화고 청소년, 재활노숙인 등에게 면접 복장 부담을 해결해 주는 역할을 한다.

카셰어링(Car-sharing) 서비스 '**쏘카**'는 24시간 언제 어디서든 핸드폰만 있다면 자동차를 빌릴 수 있다. 자동차가 필요할 때만 사용하고 이용료를 지불하면 된다.

도시 내 공간이 다양한 형태로 공유되고 있다. **공간 공유**는 숙박 공유, 셰어하우스, 사무실 공유, 주차 공유, 공공시설 공유 등 거주 공간, 업무 공간, 여가 공간 등 범위가 다양하게 확대되고 있다. '**스페이스 클라우드**'는 회의실, 파티룸, 연습실, 촬영 장소, 커뮤니티 공유 공간, 복합문화공간, 코워킹 스페이스 등 25개 카테고리의 공간을 시간 단위로 대여할 수 있다.

공유 서비스는 하나의 제품을 여럿이 사용하는 형태로, 동일한 수요에 필요한 제품 수가 줄어든다. 이는 제품 생산 단계에서의 자원과 에너지의 사용을 줄이고 환경오염이 덜 발생하도록 한다. 판매 기업과 소비자의 경제적 요구도 충족된다. 판매 기업은 서비스 매출을 창출하고, 소비자는 제품을 원하는 방식으로 사용할 수 있다. 물건이 필요할 때 선택할 수 있는 공유 서비스가 있다면 친환경이라 할 수 있다.

공유 서비스의 이익과 이익을 발생시킬 수 있는 필요 사항을 소비자, 생산자, 사회 입장에서 정리해 보았다.

구분	소비자	생산자	사회
이익	• 구매 비용이 들지 않는다. • 제품이 최적의 상태로 관리된다. • 고장이 나도 불편이 적다. • 폐기 시 신경 쓰지 않아도 된다.	• 제품 재활용을 통해 추가 이익을 창출할 수 있다. • 새로운 사업 분야를 개척할 수 있다.	• 자원과 에너지 소비가 줄어든다. • 폐기물 발생이 줄어든다. • 서비스 산업 일자리가 늘어난다.
필요 사항	• 정기적으로 사용 비용이 든다. • 소유 욕구를 극복하여야 한다.	• 새로운 사업 전략이 필요하다. • 설계 시 사용과 폐기 단계에 대한 고려가 중요하다.	• 관련 인프라를 제공하여야 한다.

그러나 공유 서비스가 항상 친환경적인 것은 아니다. 경쟁이 과열되면 오히려 환경에 해가 될 수 있다. 예를 들어, 특정 도시에서는 킥보드 공유 서비스가 남용되면서 길거리 곳곳에 방치된 킥보드들이 눈에 띈다.

킥보드 이용은 도보로 충분한 거리를 대신하는 경우가 많아 오히려 불필요한 환경부하를 유발하고, 신체활동 감소로 인한 건강 문제도 우려된다. 사고 위험 역시 사회적 비용을 높이는 요인이다. 공유가 '과잉'으로 흐르지 않도록 사회적 감시와 책임 있는 이용 문화가 병행되어야 진정한 친환경 효과를 낼 수 있다.

⑥ 그린워싱을 주의하라

소비자들의 환경에 대한 관심이 증가하면서 가짜 친환경도 증가하고 있다. 국내에서는 이를 친환경 위장이라 부르며, 전 세계적으로는 그린워싱(Greenwashing)이라고 한다. 가짜 친환경은 소비자를 기만할 뿐만 아니라 녹색 시장 자체를 병들게 한다. 친환경 제품에 대한 사회적 불신을 초래하고, 제대로 해 보려는 기업의 의지를 꺾기 때문이다.

소비자들이 가짜 친환경을 잘 구별할수록, 제품 환경성을 기반으로 한 사회적 신뢰가 형성되면서 녹색 경제가 발전할 것이다.

'소비자 24'는 친환경 표시·광고에 대한 소비자 주의사항을 통해 소비자에게 그린워싱 구별 방법을 제시하고 있다.

⇒ **모호한 용어 또는 표현에 주의해야 한다.**
'자연(nature)', '그린(green)', '에코(eco)'와 같은 용어는 좋은 단어지만 명확한 의미를 제공하지 않으면 의심해 봐야 한다.

⇒ **주장을 뒷받침할 근거를 찾아야 한다.**
사업자의 환경 표시·광고의 정확성을 확인하기 위해서는 작은 글

씨를 읽거나 회사 홈페이지에서 증거 확인이 필요하다. 제공된 정보가 구매하려는 제품 또는 서비스와 관련이 있는지 확인하는 것도 필요하다.

⇒ **환경 표시는 한번 더 확인해야 한다.**
사업자는 제품·서비스가 환경에 좋다는 인상을 의도적으로 줄 수 있다. 사업자의 주장에만 의존하지 말고 전체 설명을 확인하여 실질적인 환경 개선 효과가 있는지 검토한다.

⇒ **환경 표현이 명확하고 구체적인지 확인해야 한다.**
환경 표시·광고가 가리키는 부분이 정확히 무엇인지 살펴보고, 환경적 속성을 비교한 표시·광고가 있을 때 비교 내용·근거·방법 등이 사실에 입각하여 정확히 제시된 것인지 확인이 필요하다.

⇒ **성분이나 과학적 근거가 최신 기준 정보인지, 적절한 근거가 있는지 확인해야 한다.**
사업자가 제품의 신뢰도를 얻기 위해 과학적 증거를 토대로 표시·광고할 수 있다. 표시한 과학적 근거가 입증된 최신 내용인지, 적절한 기관에서 수행되었는지 확인한다.

♣ 당장 시작할 수 있는 7가지 친환경 실천 방법 ♣

환경에 기여하면서 자신에게도 이익이 될 수 있고, 일상에서 쉽게 실천할 수 있는 7가지 방법을 소개한다.

① **10분 일찍 준비하자**
운전 중 연료 사용과 배기가스 배출의 주요 원인은 급가속, 급제동, 과속이다. 이는 안전사고를 일으키고 차량 수명도 단축하게 한다.
예전에 유통 회사를 방문했을 때, 사고나 잘못된 배송의 주원인이 여유 없는 시간 관리 때문이라는 이야기를 들은 적이 있다. 여유 있게 운전했을 때 연비가 2~3km 더 나오는 것을 체감할 수 있었다.

⇒ 10분 일찍 준비하여 여유 있게 운전하기
⇒ 급한 운전을 줄여 연료 비용과 배기가스 절감 및 안전사고 예방 효과까지!

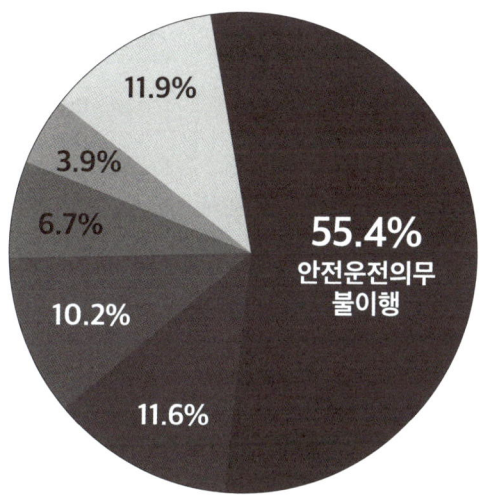

2020년 사고 원인, 도로교통공단

② **음식 주문 시 전체량을 생각하자**

외식이나 회식 시 과도하게 음식을 주문하게 되는 경우가 많다. 남은 음식은 환경을 파괴하고, 금전적으로도 손실이다.

⇒ 여러 명이 식사와 요리를 같이 주문할 때 적절한 양을 주문하기
⇒ 포장해서 집으로 가져오더라도 결국은 버리게 되는 경우가 많다.

③ **설명서를 읽자**

가전제품 설명서를 제대로 읽지 않아 발생하는 문제로 수리 요청이 발생하는 경우가 적지 않다. 이는 소비자와 제조사 모두에게 불편을 초래하고, 환경에도 부정적인 영향을 미친다.

⇒ 제품 설명서를 주의 깊게 읽고 올바르게 사용하기
⇒ 제품 관리를 통해 수명 늘리기
⇒ 설명서에 포함된 환경 관련 정보 확인하기

④ **일 년에 두 번, 집을 정리하자**

계절이 바뀔 때 집을 정리하면 불필요한 물건 구매를 줄일 수 있다. 물건을 정리하면서 필요한 물건을 새로 발견하기도 한다.

⇒ 여름과 겨울 준비 시 집 전체를 정리
⇒ 안 쓰는 물건을 버리거나 중고품으로 판매

⇒ 있는 물건을 다시 사지 않도록 눈에 잘 보이도록 정리

⑤ 절전, ECO 모드로 세팅해 놓자

자동차와 가전제품, 특히 컴퓨터는 다양한 운영 모드를 제공한다. 이 중 가장 친환경적인 절전(ECO) 모드로 설정해 두면, 신경을 많이 쓰지 않아도 에너지를 절약할 수 있다. 특히, 프린터는 흑백 인쇄 또는 연하게 인쇄하면 잉크 사용을 줄일 수 있다. 2장씩 모아 출력하거나 양면 인쇄하기 등의 방법을 사용할 수도 있다. 물론, 출력 자체를 줄이는 것이 최선이다.

⑥ 편한 신발을 신자

걷는 것은 건강에도 좋고 차량 이용을 줄이는 데 도움을 준다. 편안한 신발을 신으면 걷는 시간이 자연스럽게 늘어난다.

⑦ 수압을 조절하자

세면대나 싱크대의 수압이 높으면 물을 낭비하게 된다. 적당한 수압으로 조정하면 같은 생활 습관에서도 물 사용량을 줄일 수 있다.

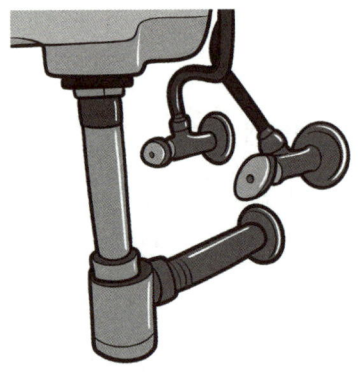

세면대 밑에 있는 밸브로 수압을 적정하게 조절

♣ 기업이 환경과 경제, 두 가지 목표를 함께 달성할 수 있는 예시 ♣

① 직원 참여 유도

제안 제도 운영, 인사 고과 반영, 포상 제도 도입 등을 통해 환경 개선 활동에 직원의 자발적 참여 유도

② 제품 디자인 개선

원료 사용 최소화, 내구성 고려 및 수리·교체 용이한 설계, 부품·원료 종류 단순화, 생산성과 환경성을 동시에 고려한 공정 설계

③ 업무 간소화

불필요한 절차 및 중복 자료 제거로 업무 효율성 제고 및 자원 낭비 방지

④ 자재 취급 및 보관 개선

정리정돈, 선입선출 원칙 적용, 온습도 적정 관리 등으로 자재 손실 최소화

⑤ 공정 개선 및 조건 최적화

과도한 원료 사용 방지, 불필요한 공정 및 운전 단계 제거, 온도,

유량, 압력 등 주요 공정 조건의 정밀한 제어로 에너지 절감과 품질 안정화

⑥ 효율적인 계획
생산 계획 주기 확대, 설비 점검 계획 체계적 수립

⑦ 협력업체와 공동 노력
부품 포장 간소화, 자재 사양 개선, 환경 성과 향상을 위한 지속적 개선 요청

⑧ 에너지 관리 최적화
폐열 회수 시스템 도입, 고효율 모터 사용, 동선 최소화 및 설비 최적 관리, 냉난방 적정 온도 유지, 고효율 조명기기 도입, 열교환기 설치 등 에너지 사용 최적화

⑨ 친환경 마케팅
제품 회수 프로그램 운영, 제품 특성과 환경성에 대한 명확한 설명 및 소비자와의 소통

⑩ 친환경 시설 설계
단열 강화, 친환경 마감재 사용, 남향 배치 등 자연환경을 고려한

건축 설계

⑪ 물 사용 절감
절수형 기기 사용, 누수 방지, 중수도 시설 설치, 수압 조절, 자동 센서 도입을 통한 사용량 조절

⑫ 사무실 운영 개선
불필요한 서류 배포 및 복사 최소화, 겉표지 생략, 컴퓨터 및 사무기기 절전 모드

참고문헌

- 2021 ~ 2023 국민환경의식조사, KEI 포커스, 한국환경연구원
- 자원순환사회연대, http://www.waste21.or.kr/
- 전민구, ESG 추진의 필수 전제요건, 2021. 10. 11, http://brunch.co.kr/@2322b411870c49f/1
- e-나라지표, https://www.index.go.kr/
- "Waste: Selected waste streams: generation, recovery and recycling", 2020, OECD Environmental Statistics
- 온실가스종합정보센터, https://www.gir.go.kr/
- Roger Cowe & Simon Williams, Who are the ethical consumers?, 2000, The Co-operative Bank
- 동물복지, 소비자 말과 행동이 다르다?, 2018. 01. 04., 돼지와사람
- James E. Lovelock, 가이아(GAIA), 홍욱희 옮김, 2023, 갈라파고스
- Our Future on Earth, 2020, Futurearth
- 이미화, 세계경제포럼 Global Risks 2024 주요 내용 및 시사점, 2024. 1. 25., 과학기술정책센터
- 피부과 의사는 목욕을 하지 않는다?, 2015. 11. 30., 국민건강지식센터, 서울대학교 의과대학
- 재무제표로 살펴본 기업의 산재 예방 투자 효과, 2020년 6월, 산재예방 연구브리프, 산업안전보건연구원
- Why environmental externalities matter to institutional

investors, 2010, UNEP FI & PRI
- 건강보험제도 국민인식조사, 2019, 건강보험정책연구원
- 환경백서, 2023, 환경부
- C. Corvalan, S. Hales, A. McMichael, Ecosystems and human well-being: health synthesis, 2005, WHO
- 국종성 교수팀, 식물성플랑크톤과 북극온난화 관계 연구 발표, 2015. 04. 21., 포항공대 환경공학부
- 코메디닷컴, www.komedi.com/
- Sustainable Development Report 2021, Cambridge University Press
- Lalonde M., A new perspective on the health of Canadians, 1974, Ottawa: Government of Canada
- O'Donnell, Michael P., Health Promotion: An emerging Strategy for Health Enhancement and Business Cost Savings in Korea, 1999, Fullbright Forum
- World Happiness Report, 2020, Sustainable Development Solutions Network
- 이승복, 미세먼지가 인체에 미치는 영향에 관한 연구 동향, 2019, Bio 리포트, BRIC
- 최우리, 코로나 진짜 주범은?…조선판 코로나도 기후변화 때 창궐했다, 2022. 01. 11., 한겨레
- 이해춘, 안경애, 김태영, 미세먼지로 인한 호흡기 질환 발생의 사회경제적 손실가치 분석, 2018, 경영컨설팅연구

- Measuring Progress, 2019, UNEP
- 오형규, 경제학자와 환경론자의 내기, 2011. 9., 경제교육, KDI 경제정보센터
- Paul Hawken, 비즈니스 생태학(The Ecology of Commerce), 2006, 에코리브르
- 탄소 불평등 시대(Confronting Carbon Inequality): 1990~2015 전 세계 개인별 이산화탄소 배출 분포 평가 및 그 이후, 옥스팜
- Noah S. Diffenbaugh, Marshall Burke, Global warming has increased global economic inequality, 2019, Proceedings of the National Academy of Sciences
- 로라 리, 세계사 캐스터, 박지숙 옮김, 2007, 웅진지식하우스
- 전병성, 기상 정보의 경제적 가치 제고를 위한 정책 방향, 2009, 기상기술정책
- 김동식, 날씨경영, 2009, KDI 경제교육정보센터
- Marina Romanello et al., The 2023 report of the Lancet Countdown on health and climate change: the imperative for a health-centred response in a world facing irreversible harms, 2023. 11. 14, The Lancet
- 배지열, 기후변화가 우리 주변 재료에 미치는 영향, 2024, 청정대기 인사이트, 한국건설기술연구원
- 재난안전 DISASTER & SAFE, 2022, 국립재난안전연구원
- 윤시몬, 기후변화가 식중독 및 수인성 질병에 미치는 영향에 대한 잠재적 영향 분석, 2013. 3. 1., 보건복지포럼

- 현진희, 기후 관련 재난 심리지원의 현황과 정책과제, 2024, 보건복지포럼, 한국보건사회연구원
- 전형진, 심리적 행복을 위협하는 날씨, 2024, 정신의학신문
- Caroline Hickman, Elizabeth Marks et al, Climate anxiety in children and young people and their beliefs about government responses to climate change: a global survey, 2021, The Lancet Planetary Health
- Edward Miguel, Violence, war increase with each degree, study finds, Berkeley
- Marshall Burke, Felipe González, Patrick Baylis, Sam Heft-Neal, Ceren Baysan, Sanjay Basu, Solomon Hsiang, Higher temperatures increase suicide rates in the United States and Mexico, 2018, Nature Climate Change
- 이웅희, 오형석, Peter Strasser, Carbon-Supported IrCoOx Nanoparticles as an Efficient and Stable OER Electrocatalyst for Practicable CO_2 Electrolysis, 2020, Applied Catalysis B: Environmental
- 독성가스 없이 플라스틱 만든다…이산화탄소 전환 기술 개발, 2024. 8. 19., 연합뉴스
- 마리 바우트, 우리의 생존을 위해 '생물다양성'이 필요한 5가지 이유, 2021. 04. 30., 그린피스
- 박은애, 조정현, 에코백 열풍 일으킨 이 사람, 이제는 '플라스틱 가방'을 판다고?, 2020. 6. 20., 인터비즈

- 온실가스가 왜 친환경 텀블러에서 나와?, 2019. 11. 29., KBS NEWS, 기후변화행동연구소
- Plastic promises: What the grocery sector is really doing about packaging, 2020. 1. 9., Green Alliance
- 2018년 은행권 유통 수명 추정결과, 2019. 1. 14., 한국은행 보도자료
- 생분해 플라스틱 정말 친환경적? "생각만큼 분해 잘 안되네", 2023. 09. 25., (사)한국바이오소재패키징협회
- Imogen E. Napper, Richard C. Thompson, Environmental Deterioration of Biodegradable, Oxo-biodegradable, Compostable, and Conventional Plastic Carrier Bags in the Sea, Soil, and Open-Air Over a 3-Year Period, 2019, Environmental Science & Technology
- Michaelangelo Tabone, Amy E. Landis et al., Sustainability Metrics: Life Cycle Assessment and Green Design in Polymers, 2010, Environmental Science & Technology
- Hernandez, L. M., Xu, E. G., Larsson, H. C. E., et al., Plastic Teabags Release Billions of Microparticles and Nanoparticles into Tea, 2019, Environmental Science & Technology
- CEO GUIDE TO THE CIRCULAR ECONOMY, WBCSD
- Life Cycle Impacts of Plastic Packaging Compared to Substitutes in the United States and Canada: Theoretical Substitution Analysis, 2018. 4. 18., The Plastic Division of the American Chemistry Council(ACC)

- http://leylaacaroglu.com
- 가정 내 플라스틱 쓰레기 주범은 식품 포장재, 2021, 그린피스
- 녹색제품정보시스템, http://www.greenproduct.go.kr/
- 녹색표시 그린워싱 모니터링 및 개선, 2012, 한국소비자원
- https://www.accc.gov.au/media-release/accc-targets-misleading-organic-claims
- 정영오 기자, 눈속임 친환경 "그린워싱" 패션기업들 '된 서리', 2021, 한국일보
- 양인목, 박철, 친환경 제품의 정의와 제품의 환경 속성에 대한 연구, 2011, 환경정책
- 마빈 해리스, 식인문화의 수수께끼, 2019, 한길사
- 요시 세피, 밸런싱그린, 2021, 리스크 인텔리전스 경영연구원
- 통계로 보는 특허동향, 2019, 특허청
- IP Research Map 분석보고서, 2020, 한국지식재산연구원
- 손어진, 하리타, 전기차, 수소차… '저공해차'의 불편한 진실, 2021. 04. 28., 일다
- Climate crisis: the unsustainable use of online video, 2019. 7. 11., The Shift Project
- 리바운드 효과와 에너지 절약의 딜레마, 2011. 3. 7., 기후변화행동연구소
- 독일기후행동 2050, 환경부 한국환경산업기술원
- Karl-Heinz Kettl, Ecological footprint comparison of different means of transportation based on Sustainable Process Index(SPI)

methodology, 2011, Sustainable Intelligent Manufacturing
- 한스 로슬링, Factfulness, 2019, 김영사
- E. F. 슈마허, 작은 것이 아름답다, 2002, 문예출판사
- George E. Vaillant, 행복의 조건, 2016, 프론티어
- 국제환경규제 기업지원센터, https://compass.or.kr
- 파타고니아, www.patagonia.com
- Boothroyd, G., Dewhurst, P., & Knight, W., Product Design for Manufacture and Assembly, 2010, CRC Press
- 양인목, 현명한 소비가 나를 살린다., 2016. 3. 2., 환경일보
- 비교공감, https://www.consumer.go.kr
- 당근마켓, https://www.daangm.com
- 어글리어스 마켓, https://uglyus.co.kr
- 오구가구, https://ogugagu.hyundailivart.co.kr/
- 인터브랜드, https://interbrand.com/
- 러쉬, https://weare.lush.co.kr/
- 양인목 브런치, https://brunch.co.kr/@inyang
- 열린옷장, https://theopencloset.net/
- 쏘카, https://www.socar.kr/
- 스페이스클라우드, https://www.spacecloud.kr/

감사의 글

'수신제가치국평천하(修身齊家治國平天下)'라는 말이 있다. 자신을 바로 세우고, 가정을 다스리며, 나라를 안정시키고, 나아가 세상을 평화롭게 한다는 뜻이다.
하지만 반대의 흐름을 생각해 보면, 세상이 안정되어야 나라가 평안하고, 나라가 평안해야 가정이 안락하며, 가정이 안락해야 비로소 나의 삶도 평온해질 수 있다. 자신의 자리에서 우리 사회를 위해 묵묵히 헌신해 온 분들께 진심 어린 감사의 마음을 전하고 싶다.

그리고 언제나 가장 가까운 자리에서 나를 응원하고 지지해 준 가족과 친구에게는 말로 다 표현할 수 없는 고마움을 느낀다. 환경 문제에 대해 균형 있는 시선과 냉철한 지성으로 아낌없는 조언을 건네준 공파 친구들, 이 책의 의도와 방향에 따뜻한 의견을 나눠 준 아들 희재, 희정, 희준, 초고를 정독하며 정성껏 손봐 준 아내 현주에게 특히 고마움을 전한다.
아울러, 책 기획 단계에서 자료 조사를 훌륭하게 도와준 윤혜와 친환경 구매 방법 조사에 힘을 보태 준 제자들에게도 감사의 마음을 전한다.

이 책이 나의 가족에게는 따뜻한 기억으로 남고,
우리 사회에는 작지만 진심 어린 울림이 되어,
오늘의 젊은 세대가 더 나은 세상에서 살아가는 데
조금이나마 도움이 되기를 진심으로 바란다.